地道诱惑
湘菜

黎娜 主编

U0279728

北京联合出版公司
Beijing United Publishing Co.,Ltd.

图书在版编目（CIP）数据

地道诱惑湘菜 / 黎娜主编 . — 北京：北京联合出版公司，
2014.4（2024.6 重印）

ISBN 978-7-5502-2736-1

Ⅰ . ①地… Ⅱ . ①黎… Ⅲ . ①湘菜 – 菜谱 Ⅳ . ① TS972.182.64

中国版本图书馆 CIP 数据核字（2014）第 052010 号

地道诱惑湘菜

主　　编：黎　娜
责任编辑：管　文
封面设计：韩　立
内文排版：李丹丹

北京联合出版公司出版
（北京市西城区德外大街 83 号楼 9 层　100088）
三河市万龙印装有限公司印刷　新华书店经销
字数 150 千字　787 毫米 × 1092 毫米　1/16　15 印张
2014 年 4 月第 1 版　2024 年 6 月第 4 次印刷
ISBN 978-7-5502-2736-1
定价：68.00 元

前言

　　湘是湖南省的简称。湘菜，即湖南菜，是中国汉族八大菜系（鲁菜、川菜、粤菜、闽菜、苏菜、浙菜、湘菜、徽菜）之一。

　　湘菜作为八大菜系之一，具有源远流长的历史和博大精深的烹饪技巧，香、辣、咸、鲜都是湘菜的精髓。湘菜至今已有两千多年的历史，早在春秋战国时期，中国汉族的饮食文化中，南北菜肴风味就表现出了差异；至唐宋时，南食、北食则各自形成体系；发展到清代初期，川菜、苏菜、鲁菜、粤菜成为当时最有影响的地方菜，被称为"四大菜系"；到清末时，浙菜、闽菜、湘菜、徽菜四大新地方菜系形成，构成中国汉族的"八大菜系"。

　　湘菜历来重视原料互相搭配，滋味相互渗透。湘菜调味特别注重酸、辣两味，这是因为地理位置的关系。湖南气候温和湿润，所以人们喜欢食用辣椒以提神去湿。而用酸泡菜作调料，搭配辣椒做出来的菜肴，开胃爽口，深受喜爱，成为独具特色的地方饮食习俗。

　　湘菜制作精细，品种繁多，用料广泛，口味多变。其特点是：菜品重油，颜色浓厚，讲究实惠，口味上注重酸辣、香鲜、软嫩。湘菜在做法上以煨、炖、腊、蒸、炒诸法见称。

　　煨、炖讲究的是微火烹调，其中煨则味透汁浓，而炖则汤清如镜；腊味制法包括烟熏、卤制和叉烧，其腊肉系烟熏制品，既可以作为冷盘，又可以热炒，或者用优质原汤蒸；炒则突出湘菜鲜、嫩、香、辣的特点。

　　近年来，越来越多的人了解到湘菜的魅力，以湘菜为主的饭店也在全国范围异军突起，呈现出遍地开花的强劲发展势头。而湘菜也不断地推陈出新，已由原来的 2000 多个品种增加到 6000 多个品种，知名菜品多达 400 余种。不仅传统菜式被消费者欢迎，这些湘菜新品在全国各地也受到广大消费者的

青睐。

　　本书针对人们热爱湘菜的需求，精选湘菜中深受大众喜爱的素菜、畜肉、禽蛋、水产海鲜等四大类几百道菜肴，款款经典，荤素并举。本书第一部分介绍了湘菜的烹饪知识；第二部分精选了99道经典湘菜，并对每道菜进行了原料准备、食材处理、制作指导、做法演示，同时配以分步图片详解，读者可以一目了然地了解湘菜的制作要点，十分易于操作；第三部分介绍了湘菜中最好吃的畜肉、禽蛋、水产海鲜、素菜等五大类267道深受大众喜爱的家常菜肴，做法地道，简单易学，荤素并举，各种做法兼顾，老少咸宜，适合全家一年四季享用。

目 录

1

3 第3部分

267道好吃易做的家常湘菜

第 1 部分

美味湘菜

湘菜是我国历史悠久的地方风味菜，调味多变、菜式多样。湘菜擅长香、酸、辣，色浓，讲求实惠。本章将为大家介绍湘菜的组成及其特点，还会教大家如何做出正宗的湘菜，相信本章的湘菜常识介绍会对提高您的厨艺，增加您的养生知识有很大帮助。

湘菜的特色

湘菜品种繁多，门类齐全，既有乡土风味的民间菜式，经济方便的大众菜式，也有讲究实惠的筵席菜式。下面将为大家介绍湘菜的特色。

荤素搭配、药食搭配

湘菜讲求荤素搭配、药食搭配。湘菜食谱除一般的菜蔬外，还配有豆豉炒辣椒、剁辣椒之类的开胃菜。一道菜中也尽可能荤素搭配。药食搭配即用某些中药材与食材互相搭配，共同烹饪。畜、禽肉类和水产品均含有丰富的营养成分，和中草药合理搭配，就能起到滋补和预防疾病的作用。

是碱性食物，湘菜中将鱼与豆腐共同烹饪，不但有酸碱调和作用，而且更利于人体对钙和蛋白质的吸收。

豆类菜肴丰富

湘菜中的豆类及豆制品菜肴丰富多样。湘菜中的豆类菜通常都很鲜嫩，所含蛋白质、矿物质、维生素及膳食纤维均较丰富，营养价值高。用某些豆类制成品，如豆

注重酸碱平衡

湘菜很注意食物的酸碱平衡。例如，肉类属酸性食物，烹调时就会加入一些碱性食品，如青椒、红椒、豆制品、菌类等；醋是弱碱性食品，能促进人的消化吸收，加入红烧鱼、红烧排骨之类的菜肴中，可使原料中的钙游离出来而便于人体吸收，也使菜肴的口感更佳；鱼是酸性食物，豆腐

芽入菜，亦为湘菜的特色之一。

鱼类菜肴丰富

湖南是"鱼米之乡"，因此湘菜中鱼类菜肴所占比例很大。与畜肉和禽肉相比，鱼类含有丰富的蛋白质，而脂肪的含量却很低，而且脂肪主要是由不饱和脂肪酸组成的，还含有丰富的钙、磷、铁、锌、硒等多种矿物质和微量元素，以及多种脂溶性和水溶性维生素，因此具有极高的营养价值。

发酵食品丰富

湖南人大多嗜食发酵食品，如臭豆腐、腐乳、豆豉、腊八豆、酸菜、泡菜等。一般情况下，食物经过发酵后更便于人体吸收营养成分，经发酵的豆类或豆制品，B族维生素明显增加。酸菜和泡菜含大量乳酸和乳酸菌，能抑制病菌的生长繁殖，增强消化能力、防止便秘，使消化道保持良好的状态，还有防癌作用。当然，酸菜、泡菜中也含有亚硝酸盐等不利于人体的物质，不可多食。

保护食物营养

湘菜在烹调过程中很注意保护食物的营养。任何食物在加热烹制过程中必然会损失不少营养物质，湘菜特别注意在烹调中保护菜肴的营养，凡能生吃的尽量生吃，能低温处理的绝不高温处理。此外，用淀粉类上浆、挂糊、勾芡，不但能改善菜肴的口感，还可保持食材中的水分、水溶性营养成分的浓度，使原料内部受热均匀而不直接和高温油接触，蛋白质不会过度变性，维生素也可少受高温的分解破坏，更减少了营养物质与空气接触而被氧化的程度。

如何制作正宗湘菜

湘菜的特点在于制作精细、用料广泛、油重色浓、注重口味、讲究营养，在品味上注重香鲜、酸辣、软嫩；在操作上讲究原料的入味，主味突出。

湘菜的食材

湖南地处长江中游南部，气候温和，雨量充沛，土质肥沃，物产丰富，素有"鱼米之乡"的美誉。优越的自然条件和富饶的物产，为千姿百态的湘菜在选料方面提供了源源不断的物质条件。举凡空中的飞禽，地上的走兽，水中的游鱼，山间的野味，都是入馔的佳选。至于各类瓜果、时令蔬菜和各地的土特产，更是取之不尽、用之不竭的饮食资源。

湘菜注重选料。植物性原料，选用生脆不干缩、表面光亮滑润、色泽鲜艳、菜质细嫩、水分充足的蔬菜，以及色泽鲜艳、壮硕、无疵点、气味清香的瓜果等。动物性原料，除了注意新鲜、宰杀前活泼、肥壮等因素外，还讲求熟悉各种肉类的不同部位，进行分档取料；根据肉质的老嫩程度和不同的烹调要求，做到物尽其用。例如炒鸡丁、鸡片，用嫩鸡；煮汤，选用老母鸡；卤酱牛肉选牛腱子肉，而炒、熘牛肉片、丝则选用牛里脊。

湘菜的配料

湘菜的品种丰富多元，与配料上的精巧细致和变化无穷有着密切的关系。一道菜肴往往由几种乃至十几种原料配成，一席菜肴所用的原料就更多了。湘菜的配料一般从数量、口味、质地、造型、颜色五个因素考虑。常见的搭配方法包括：

叠：用几种不同颜色的原料，加工成片状或蓉状，再互相间隔叠成色彩相间的厚片。

穿：用适当的原料穿在某种原材料的空隙处。

卷：将带有韧性的原料，加工成较大的片，片中加入用其他原料制成的蓉、条、丝、末等，然后卷起。

扎：把加工成条状或片状的原料，用黄花菜、海带、青笋干等捆扎成一束一束的形状。

排：利用原料本身的色彩和形状，排成各种图案等方法，都能产生良好的配料效果。

湘菜的调味料

湘菜的调味料很多，常用的有白糖、醋、辣椒、胡椒、香油、酱油、料酒、味精、果酱、蒜、葱、姜、桂皮、大料、花椒、五香粉等。众多的调味料经过精心调配，形成多种多样的风味。湘菜历来重视利用调味使原料互相搭配，滋味互相渗透，交汇融合，以达到去除异味、增加美味、丰富口味的目的。

湘菜调味时会根据不同季节和不同原料区别对待，灵活运用。夏季炎热，宜食用清淡爽口的菜肴；冬季寒冷，宜食用浓腻肥美的菜肴。烹制新鲜的鱼虾、肉类，调味时不宜太咸、太甜、太辣或太酸。这些食材本身都很鲜美，若调味不当，会将原有的鲜味盖住，喧宾夺主。再如，鱼、虾有腥味，牛、羊肉有膻味，应加糖、料酒、葱、姜之类的调味料去腥膻。对本身没有显著味道的食材，如鱼翅、燕窝等，调味时需要酌加鲜汤，补其鲜味不足。这就是常说的"有味者使之出味，无味者使之入味"。

湘菜的特色调味品

要想做出一道地道正宗的湘菜，一定要选用原汁原味的湖南调味料，烹调出的滋味才够地道。

浏阳豆豉

浏阳豆豉以其色、香、味、形俱佳的特点成为湘菜调味品中的佳品。浏阳豆豉是以泥豆或小黑豆为原料，经过发酵精制而成，颗粒完整匀称、色泽浆红或黑褐、皮皱肉干、质地柔软、汁浓味鲜、营养丰富，且久贮不发霉。浏阳豆豉加水泡涨后，是烹饪菜肴的调味佳品，有酱油、味精所不及的鲜味。

玉和醋

玉和醋是以优质糯米为主要原料，以紫苏、花椒、茴香、食盐为辅料，以炒焦的节米为着色剂，从原料加工到酿造，再到成品包装，产品制成后，要储存一两年后方可出厂销售。玉和醋具有浓而不浊、芳香醒脑、酸而鲜甜的特点，具有开胃生津、和中养颜、醒脑提神等多种药用价值。

 茶陵紫皮大蒜

茶陵紫皮大蒜因皮紫肉白而得名，是茶陵地方特色品种，与生姜、白芷同誉为"茶陵三宝"。茶陵大蒜是一个经过多年选育、逐渐形成的地方优良品种，具有个大瓣壮、皮紫肉白、含大蒜素高等优点。

永丰辣酱

永丰辣酱以本地所产的一种肉质肥厚、辣中带甜的灯笼椒为主要原料，搀拌一定分量的小麦、黄豆、糯米，依传统配方晒制而成。其色泽鲜艳，芳香可口，具有开胃健脾、增进食欲、帮助消化、散寒祛湿等功效。

湘潭酱油

湘潭制酱历史悠久，湘潭酱油以汁浓郁、色乌红、香温馨被称为"色香味三绝"。据《湘潭县志》记载，早在清朝初年，湘潭就有了制酱作坊。湘潭酱油选料、制作乃至储器都十分讲究，其主料采用脂肪、蛋白质含量较高的澧河黑口豆、荆河黄口豆和湘江上游所产的鹅公豆，辅料食盐专用福建结晶子盐，胚缸则用体薄传热快、久储不变质的苏缸。生产中，浸子、蒸煮、拦料、发酵、踩缸、晒坯、取油七道一序，环环相扣，严格操作，一丝不苟。用独特的传统工艺酿造的湘潭酱油久贮无浑油、无沉淀、无霉花，深受湖南人民的喜爱。

浏阳河小曲

浏阳河小曲以优质高粱、大米、糯米、小麦、玉米等为主要原料，利用自然环境中的微生物，在适宜的温度与湿度条件下扩大培养成为酒曲。酒曲具有使淀粉糖化和发酵酒精的双重作用，数量众多的微生物群在酿酒发酵的同时代谢出各种微量香气成分，形成了浏阳小曲酒的独特风格。

辣妹子

辣妹子即辣妹子辣椒酱，它精选上等红尖椒，细细碾磨成粉，再加上大蒜、八角、桂皮、香叶、茶油等香料，运用独门秘方文火熬成。辣妹子辣椒酱辣味醇浓、口感细腻、色泽鲜美，富含铁、钙、维生素等多种营养成分。

腊八豆

腊八豆是将黄豆用清水泡涨后煮至烂熟，捞出沥干，摊凉后放入容器中发酵，发酵好后再用调料拌匀，放入坛子中腌渍而成。

湘菜的几种制作方法

湘菜能够风靡海内外，与它的制作方法有密切关系。下面，我们来介绍几种常见的制作方法。

炖

炖的基本方法是将原料经过炸、煎或水煮等熟处理方法制成半成品，放入陶容器内，加入冷水，用旺火烧开，随即转小火，去浮沫，放入葱、姜、料酒，长时间加热至软烂出锅。炖有不隔水炖和隔水炖。不隔水炖，是将原料放入陶容器后，加调味品和水，加盖煮；隔水炖法是将原料放入瓷质或陶制的钵内，加调味品与汤汁，用纸封口，放入水锅内，盖紧锅盖煮。也可将原料的密封钵放在蒸笼上蒸炖。此类汤菜汤色较清，味鲜香原汁原味。湘菜中有玉米炖排骨、墨鱼炖肉、肚条炖海带、清炖土鸡、淮山炖肚条等。

蒸

蒸是以蒸汽为加热介质的烹调方法，通过蒸汽把食物蒸熟。将半成品或生料装于盛器，加好调味品：汤汁或清水上蒸笼蒸熟即成。所使用的火候随原料的性质和烹

调要求而有所不同。一般来说，只需蒸熟不需蒸烂的菜应使用旺火，在水煮沸滚后上笼速蒸，断生即可出笼，以保持鲜嫩。对一些经过较细致加工的花色菜，则需要用中火徐徐蒸制。如用旺火，蒸笼盖应留些空隙，以保持菜肴形状整齐，色泽美观。蒸制菜肴有清蒸、粉蒸之别。 蒸菜的特点是能使原料的营养成分流失较少，菜的味道鲜美。至今，蒸仍是普遍使用的烹饪方法。湖南浏阳有蒸菜系列，"剁椒蒸鱼头"更成为湘菜的代表菜。

炸

炸属于油熟法，是以油作为传热媒介制作菜肴的烹调方法。炸、熘、爆、炒、煎、贴等都是常用的油熟法。炸是以食用油在旺火上加热，使原料成熟的烹调方法。可用于整只原料（如整鸡、整鸭、整鱼等），也可用于轻加工成型的小型原料（如丁、片、条、块等）。炸可分为清炸、干炸、软炸、酥炸、卷包炸和特殊炸等，成品酥、脆、松、香。

焖

焖是将经过油煎、煸炒或焯水的原料，加汤水及调味品后密盖，用旺火烧开，再用中小火较长时间烧煮，至原料酥烂而成菜。焖菜要将锅盖严，以保持锅内恒温，促使原料酥烂，即所谓"千滚不抵一焖"。添汤要一次成，不要中途添加汤水。焖菜时最好要随时晃锅，以免原料粘底。还要注意保持原料的形态完整，不碎不裂，汁浓味厚，酥烂鲜醇。湘菜的焖制，主要取料于本地的水产与禽类，具有浓厚的乡土风味。焖因原料生熟不同，有生焖、熟焖；因传热介

质不同，有油焖、水焖；因调味料不同，有酱焖、酒焖、糟焖；因成菜色泽不同，有红焖、黄焖等。用焖法烹制的湘菜有黄焖鳝鱼、油焖冬笋、醋焖鸭等。

涮

用火锅把水烧沸，把主料切成薄片，放入火锅涮片刻，变色刚熟即夹出，蘸上调好的调味汁食用，边涮边吃，这种特殊的烹调方法叫涮。涮的特点是能使主料鲜嫩，汤味鲜美，一般由食用者根据自己的口味，掌握涮的时间和调味。主料的好坏、片形的厚薄、火锅的大小、火力的大小、调味的调料，都对涮菜起重要作用。

汆

汆用来烹制旺火速成的汤菜。选娇嫩的原料，切成小型片、丝或剁蓉做成丸子，在含有鲜味的沸汤中汆熟。也可将原料

在沸水中烫熟，装入汤碗内，随即浇上滚开的鲜汤。

煨

将加工处理的原料先用开水焯烫，放砂锅中加足汤水和调料，用旺火烧开，撇去浮沫后加盖，改用小火长时间加热，直至汤汁黏稠，原料完全松软成菜的技法。

卤

卤是冷菜的烹调方法，也有热卤，即将经过初加工处理的家禽家畜肉放入卤水中加热浸煮，待其冷却即可。

卤水制作：锅洗净上火烧热，锅滑油后放入白糖，中火翻炒，糖粒渐融，成为糖液，见糖液由浅红变深红色，出现黄红色泡沫时，投入清水500克，稍沸即成糖水色，作为调色备用。将备好的香料（最好打碎一点）用纱布袋装好，用绳扎紧备用。将锅置中火上，下花生油100克，下入姜、葱爆炒出香味，放清水、药袋、酱油、盐、料酒、酱油适量，一同烧至微沸，转小火煮约30分钟，弃掉姜、葱，加入味精，撇去浮沫即成。

烩

烩指将原料油炸或者煮熟后改刀，放入锅内加辅料、调料、高汤烩制的方法。具体做法是将原料投入锅中略炒，或在滚油中过油，或在沸水中略烫之后，放在锅内加水或浓肉汤，再加佐料，用武火煮片刻，然后加入芡汁拌匀至熟。这种方法多用于烹制鱼虾、肉丝和肉片，如烩鱼块、肉丝、鸡丝、虾仁之类。

焯

焯水就是将初步加工的原料放在开水锅中加热至半熟或全熟，再取出以备进一步烹调或调味。它是烹调中特别是冷拌菜不可缺少的一道工序，对菜肴的色、香、味，特别是色起着非常关键的作用。

第 2 部分
99道
美味地道
的湘菜

湘菜的选料主要是以本地为主，讲究原料入味。湘菜的特点是油重、色浓、酸辣、浓鲜，有一句话叫"贵州人不怕辣，四川人辣不怕，湖南人怕不辣"，湘菜以其独特的辣味而著称。如广为人知的红烧肉、粉蒸肉、腊味合蒸等经典菜肴。本章将为您介绍99道不可错过的经典湘菜。

五花肉炒口蘑

⏰ 制作时间 15 分钟

材料 五花肉 300 克，口蘑 150 克，红椒 30 克，辣椒面、姜片、蒜米、葱白各少许

调料 盐 3 克，味精 1 克，蚝油、料酒、老抽、水淀粉、熟油各适量

制作指导 口蘑除了与五花肉同炒之外，还可以和很多食物一起混合烹饪，而且能给这些食物增加鲜美之味，使菜的口感风味更佳。

食材处理

❶ 把红椒切片。

❷ 再将洗净的口蘑切片。

❸ 将洗净的五花肉切片。

❹ 锅中加清水烧开，加盐、油。

❺ 倒入口蘑拌匀。

❻ 煮沸后捞出。

做法演示

❶ 热锅注油，倒入五花肉。

❷ 炒约 1 分钟至出油。

❸ 加老抽上色。

❹ 倒入辣椒面、姜片、葱白、蒜米炒香。

❺ 放入红椒片，加料酒炒匀。

❻ 倒入口蘑，加盐、味精、蚝油调味。

❼ 加水淀粉勾芡。

❽ 淋入熟油拌匀。

❾ 盛出装盘即可食用。

茭白炒五花肉

⏰ 制作时间 **14分钟**

材料 茭白100克，五花肉150克，蒜苗30克，青椒、红椒各15克，姜片、葱段各少许

调料 盐2克，老抽、生抽、料酒、鸡粉、水淀粉、食用油各适量

制作指导 茭白入锅翻炒的时间不宜过长，否则不仅会影响成菜的美观，还会失去茭白脆嫩的口感。

做法演示

❶ 热锅内注油，倒入五花肉炒至出油。

❷ 加入老抽、生抽、料酒炒香。

❸ 倒入姜片、葱段、蒜苗、青椒、红椒炒匀。

食材处理

❶ 将洗净的茭白切片。

❷ 将洗好的蒜苗切段。

❸ 青椒、红椒均洗净切开。

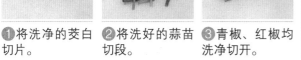

❹ 倒入茭白炒匀。

❺ 加盐、鸡粉，用水淀粉勾芡，淋入熟油拌匀。

❻ 在锅中翻炒匀至入味，盛出盘中即可。

❹ 再把洗好的五花肉切片。

❺ 锅中入清水烧热，加食用油、盐煮沸，入茭白。

❻ 煮约1分钟至沸后捞出装盘。

冬笋酸菜肉丝

⏰ 制作时间 13 分钟

材料 酸菜 200 克，冬笋 100 克，瘦肉 100 克，蒜末、姜片、红椒丝、青椒丝各少许

调料 盐 2 克，味精、食粉、料酒、蚝油、水淀粉、食用油各适量

制作指导 冬笋入锅调味后，可根据个人的口味决定烹饪的时间，若不喜欢食用爽脆的冬笋可加入少许开水继续煮 2~3 分钟。

食材处理

❶ 冬笋去皮，洗净切丝；酸菜切丝。

❷ 再把洗净的瘦肉切丝。

❸ 肉丝加食粉、盐、味精和水淀粉拌匀。

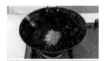

❹ 热锅注油，烧至四成热，倒入肉丝，炒熟后捞出。

❺ 锅中加清水和盐烧热，入酸菜煮沸，入冬笋。

❻ 煮沸后捞出来备用。

做法演示

❶ 热锅注油，入蒜末、姜片、红椒丝、青椒丝。

❷ 再倒入酸菜、冬笋炒片刻。

❸ 倒入肉丝，加料酒、盐、味精、蚝油翻炒至熟透。

❹ 用水淀粉进行勾芡。

❺ 再淋入熟油拌炒匀。

❻ 盛入盘内即可食用。

榄菜豆角肉末

⏱制作时间 **14分钟**

材料 橄榄菜15克，瘦肉250克，豆角100克，红椒10克，葱白、蒜末、姜片各少许

调料 盐3克，水淀粉10毫升，味精3克，鸡粉3克，料酒3毫升，食用油适量

食材处理

①将洗净的豆角切成丁。

②洗净的红椒切成丁。

③洗好的瘦肉剁成肉末。

④锅中加清水烧开，加少许盐、食用油。

⑤倒入豆角，煮约1分钟至熟。

⑥将煮好的豆角捞出。

制作指导 豆角不可煮太久，否则煮得太烂，会影响成品口感。

做法演示

①用油起锅，倒入姜片、蒜末、葱白爆香。

②倒入肉末，翻炒至变白。

③加料酒炒匀。

④倒入豆角、橄榄菜、红椒丁。

⑤翻炒至熟透。

⑥加盐、味精、鸡粉炒匀调味。

⑦再加水淀粉进行勾芡。

⑧拌炒均匀。

⑨盛出装盘即可食用。

剁椒肉末炒苦瓜

⏰ 制作时间 **13 分钟**

材料 苦瓜 300 克，五花肉 70 克，蒜末、姜片、葱段各少许

调料 盐 3 克，水淀粉 10 毫升，蚝油 3 克，白糖 3 克，食用油、老抽、味精、剁椒、食用油各适量

食材处理

❶ 把洗净的苦瓜切开，去籽，切条，改切成片。

❷ 再将洗净的五花肉切碎，剁成肉末。

❸ 锅中加入清水烧开，加入少许食盐。

❹ 放入苦瓜拌匀，大火煮约 1 分钟至断生。

❺ 将煮好的苦瓜捞出，沥干水分装入盘中备用。

制作指导 苦瓜质地较嫩，不宜炒制过久，以免影响口感。

做法演示

❶ 用油起锅，倒入肉末炒至出油。

❷ 加入少许老抽上色，倒入蒜、姜、葱段炒香。

❸ 倒入苦瓜拌炒约 1 分钟。

❹ 加盐、蚝油、味精、白糖。

❺ 拌炒至入味。

❻ 倒入水淀粉进行勾芡。

❼ 再加入剁椒。

❽ 拌炒均匀。

❾ 盛出装盘即可食用。

▌油焖茭白

⏰ 制作时间 **13分钟**

材料 茭白150克，五花肉200克，红椒15克，姜片、蒜末、葱白各少许

调料 盐10克，蚝油3克，老抽、料酒、味精、水淀粉、芝麻油、食用油各适量

食材处理

❶将去皮洗净的茭白对半切开，切成片。	❷红椒去蒂，切开，去籽切成块。	❸洗净的五花肉切片。

❹锅中加清水烧开，加盐，少许食用油。	❺倒入茭白，均匀搅拌。	❻煮沸捞出。

制作指导 茭白以春夏季的质量最佳，营养素比较丰富。如发生茭白黑心，是品质粗老的表现，不宜食用。烹饪前，应将茭白放入热水锅中焯煮一下，以除去其中含有的草酸。

做法演示

❶用油起锅，倒入五花肉，翻炒至出油。	❷加少许老抽、料酒，翻炒香。	❸加入姜片、蒜末、葱白、红椒，炒匀。

❹倒入切好并汆水的茭白。	❺加蚝油、盐、味精，炒匀调味，煮片刻。	❻加少许水淀粉勾芡。

❼加少许芝麻油。	❽锅中翻炒匀至入味。	❾盛出装盘即可。

粉蒸肉

⏰ 制作时间
22 分钟

材料 南瓜 400 克，五花肉 350 克，蒸肉粉 35 克，蒜末、葱花各少许

调料 盐 4 克，生抽 3 毫升，鸡精 3 克，食用油适量

制作指导 五花肉腌渍时必须先沥干肉面水分，蒸南瓜和五花肉时火候不可太大。

食材处理

① 南瓜洗净去皮，切段，去除瓜瓤，改切成片。

② 洗净的五花肉切成片。

③ 将切好的肉片装入盘中，加入蒜末。

④ 再加入生抽、盐、鸡精拌匀。

⑤ 加入蒸肉粉拌匀腌渍约 15 分钟入味。

⑥ 将切好的南瓜摆入盘中。

做法演示

① 将南瓜、五花肉放入蒸锅。

② 加盖，中火蒸 20 分钟至熟透。

③ 揭盖，将粉蒸肉取出。

干豆角蒸五花肉

⏰ 制作时间 **27分钟**

材料 水发干豆角300克，五花肉400克，葱花少许

调料 盐、料酒、味精、生抽、蚝油、香油各适量

食材处理

① 干豆角洗净，切段，五花肉洗净，切片。

② 干豆角装入盘中，加入油、盐，拌匀浸渍片刻。

③ 将切好的肉片装入盘中，倒入料酒，加入盐、味精、生抽、蚝油，抓匀。

④ 将少许腌渍好的豆角，倒入装有五花肉的碗中拌匀。

⑤ 倒入淀粉，搅匀，再淋入少许香油，拌匀，腌渍10分钟。

⑥ 将剩余干豆角铺平盘底，摆入五花肉片。

制作指导 干豆角先用食用油和盐浸渍，蒸熟后香气四溢，吃起来也更有嚼劲。

蒸干豆角时，为了干豆角更好地吸收到肉的香味，一定要将其放在碗底，还可加入少许水，干豆角更容易蒸软。

做法演示

① 放入蒸锅。

② 加盖，中火蒸15分钟至五花肉和干豆角熟烂。

③ 揭盖，取出。

④ 浇上少许热油。

⑤ 撒上葱花即可食用。

莲藕粉蒸肉

⏰ 制作时间 **22 分钟**

材料 五花肉 300 克，莲藕 200 克，蒸肉米粉、葱花各适量

调料 鸡粉、盐、食用油各适量

食材处理

❶ 莲藕去皮洗净，切片。

❷ 五花肉洗净，切片。

❸ 肉片装入碗中，加蒸肉米粉裹匀，再加鸡粉、盐拌匀。

制作指导 将切好的莲藕片放入醋水中浸泡，可防止其氧化变黑。蒸肉米粉的吸水力很强，所以在与肉混合时可加足水分，以保证肉质软嫩的口感。

做法演示

❶ 做完后放入蒸锅内。

❷ 盖上锅盖，中火蒸约 20 分钟至熟透。

❸ 揭开锅盖，取出蒸熟的肉片、藕片。

❹ 撒入葱花。

❺ 淋入熟油即可食用。

板栗红烧肉

⏰ 制作时间 14分钟

材料 猪肉500克，板栗70克，生姜片、大蒜、八角、葱段各适量

调料 糖色、料酒、老抽、食用油各适量

做法演示

❶锅留底油，倒入猪肉炒至出油。

❷倒入洗好的八角、生姜、大蒜。

❸再倒入糖色拌炒匀。

❹加料酒、老抽。

❺快速拌炒匀。

❻倒入板栗。

❼加入适量清水。

❽加盖焖煮2分钟至入味。

❾揭盖倒入葱段。

❿翻炒均匀。

⓫盛入盘中即可食用。

食材处理

❶将洗好的猪肉切块。

❷热锅注油，烧至四成热，倒入已去壳洗好的板栗。

❸炸约2分钟至熟，捞出。

制作指导 猪肉最好选用肥瘦相间的，这样这道菜做出来更美味。板栗用开水泡一下，更易于剥壳。去壳后将板栗放入开水中浸泡，用筷子搅拌一下，板栗膜就很容易脱落了。

韭菜花炒腊肉

⏰ **制作时间 13分钟**

材料 熟腊肉200克，韭菜花300克，朝天椒30克，大蒜10克

调料 盐、味精、料酒、食用油各适量

食材处理

① 将腊肉氽熟，切片。

② 将韭菜花洗净切段。

③ 大蒜切末。

④ 朝天椒切碎。

制作指导 ▶ 烹饪腊肉前，要用清水将腊肉洗净，然后放入锅中氽烫至熟，捞出放凉再切片。

做法演示

① 大豆油起锅。

② 倒入腊肉。

③ 翻炒至出油。

④ 加入朝天椒、蒜末。

⑤ 炒至香味散出，倒入韭菜花。

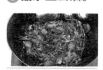

⑥ 加适量盐、味精翻炒至熟，淋入少许料酒，拌炒匀。

⑦ 出锅装盘即可食用。

蕨菜炒腊肉

⏰ **制作时间 13分钟**

材料 蕨菜100克，腊肉100克，姜片、蒜末、葱白、青椒片、红椒片各少许

调料 盐、味精、白糖、料酒、水淀粉、食用油各适量

制作指导 焯煮蕨菜时一定要注意时间和温度，焯的时间过长、温度过高会使蕨菜失去清脆的口感。

食材处理

❶将洗净的蕨菜切成段。

❷再把洗好的腊肉切片。

❸热水锅中倒入腊肉。

❹煮沸后捞出。

❺放入蕨菜拌匀。

❻煮沸后捞出。

做法演示

❶用油起锅，倒入腊肉炒至出油。

❷放入姜片、蒜末、葱白、青椒片、红椒片炒香。

❸放入蕨菜。

❹翻炒片刻直至熟透。

❺加盐、味精、白糖、料酒。

❻炒匀调味。

❼加少许水淀粉。

❽拌炒均匀。

❾盛入盘中即可食用。

23

蒜苗炒腊肉

⏰ **制作时间**
14 分钟

材料 蒜苗 200 克，红椒 15 克，腊肉 300 克，葱白、姜片、蒜末各少许

调料 盐、味精、生抽、料酒、水淀粉、食用油各适量

食材处理

① 把洗净的蒜苗切段。

② 红椒去蒂，对半剖开，切段后切丝。

③ 腊肉切成薄片。

制作指导 腊肉味道比较咸，炒制过程中应不加或少加盐，以免影响菜的口感。

做法演示

① 用油起锅，放入腊肉炒出油。

② 舀出少许炒出来的油。

③ 放入葱白、蒜末和姜片。

④ 倒入切好备用的红椒丝。

⑤ 加入生抽、料酒在锅中炒香。

⑥ 倒入蒜苗翻炒匀，直至入味。

⑦ 淋入适量的水淀粉勾芡，加盐、味精炒匀调味。

⑧ 再在锅中翻炒片刻，直至香味溢出。

⑨ 出锅装盘即可食用。

莴笋炒腊肉

制作时间 **13分钟**

材料 莴笋200克，腊肉150克，红椒20克，姜片、蒜末、葱白少许

调料 盐6克，水淀粉10毫升，鸡粉3克，味精3克，辣椒酱、料酒、食用油各适量

食材处理

❶洗净的莴笋斜刀切段，切成片。

❷洗净的红椒，对半切开，切成片。

❸洗净的腊肉切成片。

❹锅中加清水烧开，加少许食用油，加盐，倒入莴笋。

❺再倒入红椒拌匀。

❻煮沸后捞出红椒备用。

❼倒入切好的腊肉。

❽煮沸后捞出沥干。

制作指导 为避免烟酸丢失，莴笋应先洗后切，且炒制时间不可太久。

做法演示

❶用油起锅，倒入姜片、蒜末、葱白爆香。

❷倒入腊肉炒匀，淋上料酒炒香。

❸倒入莴笋、红椒。

❹加鸡粉、盐、味精。

❺再倒入辣椒酱炒匀调味。

❻加水淀粉勾芡。

❼加少许熟油炒匀。

❽翻炒匀至入味。

❾将炒好的莴笋腊肉盛入盘中即可。

红菜薹炒腊肉

⏰ 制作时间 **12分钟**

材料 红菜薹400克，腊肉200克，蒜末、葱段各20克，姜片少许

调料 盐、味精各2克，料酒10毫升，水淀粉、食用油各适量

食材处理

① 把洗净的红菜薹的菜梗切开，再切成段。

② 将洗净的腊肉切成片。

> **制作指导** 腊肉的肉质较硬，煮的时间可以稍微长一些，切片时也更容易一些。

做法演示

① 锅中注水，放入腊肉煮开。

② 捞出来沥干，备用。

③ 热锅注油，倒入蒜末、葱段、姜片爆香。

④ 放腊肉炒匀。

⑤ 倒入红菜薹翻炒均匀。

⑥ 淋入少许料酒炒香，加盐、味精调味。

⑦ 注入少许清水，炒至红菜薹熟透。

⑧ 再倒入水淀粉炒匀。

⑨ 出锅装盘即可食用。

酒香腊肉

⏰ 制作时间 **10 分钟**

材料 腊肉 300 克，青椒片、红椒片各 15 克，蒜苗段 45 克，干辣椒段少许

调料 红酒 75 克，料酒、生抽、水淀粉、食用油各适量

制作指导 此菜不宜炒至汁干，留少许芡汁口感更咸香。

做法演示

① 将洗净的腊肉切成片放在盘中备用。

② 炒锅热油，放入干辣椒爆香。

③ 倒入腊肉炒匀。

④ 再倒入蒜苗段、青椒片、红椒片。

⑤ 注入少许清水，翻炒均匀，倒入红酒。

⑥ 加料酒煮片刻至入味。

⑦ 加生抽炒匀。

⑧ 用水淀粉炒匀。

⑨ 盛入盘中即可食用。

尖椒炒腊肉

⏰ 制作时间 **13 分钟**

材料 腊肉 150 克，尖椒 50 克，姜片、蒜蓉各少许

调料 蚝油、料酒各少许，水淀粉适量，食用油 30 毫升

食材处理

①洗净的腊肉切成片，洗净的尖椒切小片。

②锅中倒入适量清水烧开，倒入腊肉。

③煮沸后捞出来沥水。

制作指导 腊肉下锅煮的时间不宜太长，以免丢失其风味，煮至软即可。

做法演示

①油锅烧热，倒入腊肉翻炒香。

②倒入尖椒炒匀，再倒入姜片、蒜蓉，翻炒均匀。

③淋入少许料酒提鲜。

④倒入蚝油调味。

⑤炒至入味。

⑥用水淀粉勾芡。

⑦用小火炒匀。

⑧盛入盘中即可食用。

腊肉滑草菇

⏰ 制作时间
15分钟

材料 草菇100克,腊肉120克,青椒片、红椒片、葱段、姜片、蒜末各少许

调料 料酒、盐、味精、生抽、鸡粉、水淀粉、食用油各适量

食材处理

❶洗净的草菇切成小块。

❷洗净的腊肉切薄片。

制作指导 腊肉用温水泡软,能去除其多余的盐分,减轻其咸味。

做法演示

❶起油锅,倒入少许姜片、葱段爆香。

❷注入少许清水,加生抽、鸡粉、盐调味。

❸水煮沸后倒入草菇。

❹煮至入味,盛出备用。

❺油锅烧热,入青椒、红椒、蒜余下葱段、姜炒匀。

❻倒入腊肉炒匀,再淋入料酒炒匀。

❼倒入草菇,翻炒均匀。

❽加料酒、盐、味精调味。

❾翻炒至入味。

❿用水淀粉进行勾芡。

⓫翻炒至熟。

⓬出锅装盘即可食用。

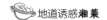
腊肠炒年糕

⏰ 制作时间 **10 分钟**

材料 腊肠 100 克，年糕 150 克，葱段、葱白、红椒丝、蒜蓉各少许

调料 盐、味精、料酒、水淀粉、食用油各适量

食材处理

① 将洗好的年糕切块。

② 洗净的腊肠切成片。

制作指导 生腊肠处理时，需先用热水浸泡，然后再用温水清洗干净。年糕受热就容易粘锅，入锅后需要不断地翻炒，以免炒煳影响口感。

做法演示

① 锅中加清水烧开，倒入年糕。

② 煮约 4 分钟至熟软后捞出煮好的年糕备用。

③ 起油锅，倒入葱白、蒜蓉、红椒丝。

④ 倒入腊肠炒香。

⑤ 倒入年糕，再加入料酒炒匀。

⑥ 加入盐、味精，炒匀调味。

⑦ 倒入水淀粉进行勾芡。

⑧ 加葱段炒匀。

⑨ 盛出装盘即可。

双椒炒腊肠

⏰ 制作时间
12 分钟

材料 青椒 120 克，红椒 40 克，腊肠 100 克，姜片、葱白、蒜末适量

调料 盐、白糖、料酒、味精、水淀粉、食用油各适量

制作指导▶ 清洗腊肠时，需先用热水浸泡，然后再用温水清洗干净。

食材处理

①将洗净的腊肠放入热水锅中。

②加盖，煮约2分钟至熟，捞出备用。

③青椒红椒分别洗净，去籽，切片。

④煮好的腊肠切成片。

⑤热锅注油，放入有腊肠的漏勺，用锅勺浇油约1分钟。

⑥把腊肠捞出来备用。

做法演示

①锅留底油，倒入姜片、葱白和蒜末爆香。

②倒入青、红椒炒匀，淋入少许清水再炒片刻。

③倒入腊肠。

④加入料酒、盐、味精和白糖，拌炒1分钟入味。

⑤再淋入少许水淀粉。

⑥拌炒均匀，关火，盛入盘中即可食用。

腊味合蒸

⏰ 制作时间
1 小时

材料 腊鸡肉 300 克，腊肉、腊鱼肉各 250 克，生姜片 10 克，葱白 3 克

调料 鸡汤、味精、白糖、料酒适量

制作指导 腊肉比较咸，烹制时不用加盐，只需加其他调味料即可。蒸腊味的时候，可以将腊猪肉放在最上面，让其油脂浸润下面的腊鸡肉和腊鱼肉，使口感更加香嫩。

食材处理

① 锅中加适量清水烧开，放入腊肉、腊鱼、腊鸡。

② 加盖焖煮 15 分钟，取出腊味，待冷却。

③ 将腊肉切片。

④ 腊鱼切片。

⑤ 腊鸡切块，装入碗内。

⑥ 腊味加入味精、白糖、料酒、鸡汤、姜、葱白。

做法演示

① 腊味转到蒸锅。

② 加盖中火蒸 1 小时至熟软，取出腊味。

③ 倒扣入盘内，撒上葱花即成。

小炒猪心

🕐 制作时间 **14分钟**

材料 蒜苗40克，青椒、红椒各30克，猪心150克，干辣椒、蒜末、姜片、葱段各少许

调料 盐、料酒、生粉、味精、辣椒酱、水淀粉、食用油各适量

制作指导 猪心通常有股异味，故买回来的猪心应立即用少量面粉抓匀，放置1小时左右，再用清水洗净，这样烹炒出来的猪心不仅无异味，且味道鲜美。

食材处理

❶将洗净的蒜梗、蒜苗切段。

❷将洗净的青、红椒切段。

❸将洗净的猪心切片。

❹猪心加盐、料酒、生粉拌匀，腌渍10分钟入味。

❺锅中注入清水烧开。

❻倒入猪心，煮沸后捞出。

做法演示

❶热锅注油，入蒜末、姜片、葱段、干辣椒爆香。

❷倒入猪心炒匀，加少许料酒炒约1分钟。

❸倒入青椒、红椒、蒜梗炒匀。

❹加盐、味精、辣椒酱调味。

❺倒入蒜苗炒匀，加水淀粉勾芡，淋入熟油。

❻盛入盘内即可。

酸豆角炒猪心

⏱ 制作时间 **15 分钟**

材料 猪心 300 克，酸豆角 100 克，青红椒片、洋葱片、蒜末、姜片、葱段各少许

调料 盐、味精、生抽、水淀粉、料酒、生粉、食用油各适量

制作指导 猪心通常有股异味，如果处理不好，菜肴的味道就会大打折扣。可在买回猪心后，立即在少量面粉中"滚"一下，放置 1 小时左右，然后再用清水洗净，这样烹炒出来的猪心味美纯正。

做法演示

①锅中倒入清水并烧热，下入酸豆角。

②焯烫片刻，去除咸酸味后捞出，沥干备用。

③用油起锅，倒入姜片、蒜末、葱段爆香。

④倒入猪心、青红椒片、洋葱片，淋入料酒炒匀。

⑤加入酸豆角炒至熟透。

⑥加盐、味精、生抽调味。

⑦加水淀粉勾芡。

⑧淋入少许熟油拌匀。

⑨出锅盛入盘中即可。

食材处理

①将洗净的猪心切成片。

②猪心加料酒、盐、味精拌匀。

③再撒上少许生粉，拌至入味。

青椒炒猪心

制作时间
15分钟

材料 猪心100克，青椒45克，红椒少许，姜片、蒜片各适量

制作指导 猪心很难炒熟，烹制猪心前将其放入热水锅中，加葱、姜、料酒煮熟，这样既能缩短烹制的时间，还可去除猪心的异味。

调料 盐4克，味精3克，蚝油5克，水淀粉10毫升，葱油、料酒、食用油各适量

做法演示

①热锅注油，倒入腌渍好的猪心，翻炒匀。

②放入姜片、蒜片炒香。

③倒入青椒、红椒翻炒至熟。

④加入盐、味精、蚝油，炒匀调味。

⑤用水淀粉进行勾芡。

⑥淋入少许葱油拌匀。

⑦转中火再翻炒片刻至入味。

⑧出锅装入盘中即可。

食材处理

①将洗净的猪心切成片。

②洗好的青椒去籽，切片。

③洗净的红椒去籽，切成片，装入盘中备用。

④切好的猪心装入碗中。

⑤加入料酒、盐、水淀粉。

⑥用筷子拌匀，腌渍10分钟。

雪菜大肠

⏱ 制作时间 **8分钟**

材料 熟大肠300克，腌雪里蕻100克，姜片、蒜末、青椒片、红椒片各少许

调料 盐3克，鸡粉2克，味精1克，水淀粉10毫升，生抽、料酒、食用油各适量

制作指导 ▶ 炒制大肠时，加少许辣椒油或红油，口味会更好。

做法演示

① 热锅注油，倒入姜片、蒜末。

② 倒入青椒片、红椒片爆香。

③ 放入洗净切段的大肠，加料酒翻炒至熟。

④ 加入适量生抽炒匀。

⑤ 倒入准备好的腌雪里蕻炒匀。

⑥ 加鸡粉、味精炒匀调味。

⑦ 倒入水淀粉进行勾芡。

⑧ 翻炒匀至入味。

⑨ 盛出装盘即可食用。

土匪猪肝

⏰ 制作时间
14分钟

材料 猪肝300克，五花肉120克，青蒜苗40克，红椒25克，泡椒、生姜各20克。

调料 盐、味精、蚝油、辣椒油、水淀粉、生粉、葱姜酒汁、高汤、食用油各适量

食材处理

①将猪肝洗净，切片。

②生姜去皮，洗净切片；红椒洗净切片。

③泡椒切段；青蒜苗洗净切段。

④将五花肉洗净切片。

⑤取葱姜酒汁，倒入猪肝片中。

⑥加生粉拌匀，再放入盐、味精拌匀腌渍片刻。

制作指导 猪肝常有一种特殊的异味，烹制前，先冲洗干净再剥去薄皮，然后放入盘中，加放适量牛乳浸泡几分钟，可去除异味。

做法演示

①热锅注油，倒入猪肝片。

②炒至断生，盛出备用。

③加五花肉，炒约1分钟至出油。

④放入姜片炒香，加泡椒、红椒片拌炒匀。

⑤倒入猪肝片翻炒至熟。

⑥加盐、味精调味，加少许蚝油炒匀。

⑦倒入蒜苗梗炒匀，加水淀粉、辣椒油拌匀。

⑧加蒜叶炒匀。

⑨出锅盛入盘中即成。

青蒜炒猪血

⏰ 制作时间 **14 分钟**

材料 蒜苗 100 克，猪血 150 克，干辣椒、姜片、蒜末各少许

调料 盐 6 克，水淀粉 10 毫升，鸡粉 3 克，食用油、辣椒酱各适量

制作指导 炒猪血时尽量少翻炒，以免将猪血铲碎，影响成品外观。

食材处理

① 将洗净的蒜苗切 3 厘米长段。

② 锅中加约 600 毫升清水烧开。

③ 将猪血切成小方块。

④ 倒入烧开的热水，浸泡 4 分钟。

⑤ 将泡好的猪血捞出装入另一个碗，加少许盐拌匀。

做法演示

① 起油锅，入干辣椒、姜片、蒜末、蒜梗炒香。

② 加少许清水，加辣椒酱、盐、鸡粉炒匀。

③ 倒入猪血，煮约 2 分钟至熟。

④ 倒入蒜叶炒匀。

⑤ 加入水淀粉勾芡，再加少许熟油翻炒匀。

⑥ 盛出装盘即可食用。

铁板猪腰

⏰ 制作时间 **20 分钟**

材料 猪腰 200 克，蒜苗段 40 克，洋葱丝 35 克，洋葱片、青椒片、红椒片、干辣椒、姜片、蒜末各少许

调料 盐 3 克，味精 2 克，料酒、蚝油、生抽、生粉、水淀粉、食用油各适量

制作指导 炒腰花要做到菜形美观，就要在腰花上剞花纹。剞法是先在猪腰上用推刀剞一遍，再用直刀剞一遍，两次剞纹应成"十"字交叉形，然后改切成块。如切成菱形块，炒后就成荔枝花；如切成较窄的长方块，炒后就成麦穗花，装盘后十分美观。

食材处理

① 将处理干净的猪腰对半切开，切去筋膜。

② 猪腰切麦穗花刀，再切片。

③ 腰花加料酒、味精、盐拌匀。

④ 加生粉拌匀，腌渍 10 分钟。

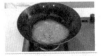
⑤ 锅中加入清水烧开，倒入腰花。

⑥ 煮沸后捞出。

⑦ 热锅注油，大火烧至四成热，倒入猪腰。

⑧ 滑油片刻后捞出。

做法演示

① 锅留底油，倒入姜片、蒜末、干辣椒爆香。

② 再放入青椒片、红椒片、洋葱片炒约 1 分钟。

③ 倒入猪腰，淋入料酒。

④ 加入蚝油、生抽、味精、盐炒 2 分钟至入味。

⑤ 加少许清水，撒入蒜苗段。

⑥ 加入水淀粉勾芡。

⑦ 淋入熟油拌炒匀。

⑧ 洋葱丝放入热铁板中。

⑨ 盛入炒好的腰花即可。

韭菜花炒猪皮

制作时间
10分钟

材料 韭菜花80克，熟猪皮100克，姜片、红椒丝、蒜末各少许

调料 盐3克，味精1克，水淀粉10毫升，料酒、食用油各适量

食材处理

❶猪皮洗净，切成丝。

❷韭菜花洗净，切成段。

制作指导 翻炒猪皮时，加少许白醋，可使猪皮毛囊胀大，吃起来更爽口。

做法演示

❶用油起锅，加姜片、蒜末爆香。

❷倒入猪皮炒匀。

❸淋入料酒炒匀。

❹倒入韭菜花，翻炒至熟。

❺放入红椒丝。

❻加盐、味精炒匀调味。

❼在锅中翻炒匀至入味。

❽盛出装盘即可食用。

蒜苗炒猪油渣 ⏰ 制作时间 **14分钟**

材料 青椒250克，红椒25克，猪肥肉500克，蒜苗段35克，豆豉20克，姜片、葱白各少许

调料 料酒、盐、味精、水淀粉、老抽、食用油各适量

食材处理

❶将已去好皮的、清洗干净的猪肥肉切片。

❷将洗净的青椒去蒂，剖开，切成斜片。

❸再将洗净的红椒去蒂，剖开，切斜片。

> **制作指导** 用猪肥肉炸制成油渣时，油温不宜过高，七八成热最佳。此外，不宜选用大火，用中小火最好。

做法演示

❶锅注油烧热，放入处理好的猪肥肉。

❷猪肉炸成金黄色的油渣，捞出。

❸锅留底油，放入姜片、豆豉和蒜梗爆香。

❹倒入炸好的猪油渣，炒匀。

❺加入少许老抽炒匀。

❻倒入青、红椒炒熟。

❼加料酒、盐、味精炒匀。

❽用水淀粉勾芡。

❾放入蒜叶。

❿拌炒至熟。

⓫出锅装盘即可食用。

芋头蒸排骨

⏰ 制作时间 30分钟

材料 芋头130克，排骨180克，水发香菇15克，葱末、姜末各少许

调料 盐3克，味精、白糖、味精、料酒、豉油、食用油各少许

制作指导 削好皮的芋头应放在水龙头下冲洗，而不要放在盆里泡洗，因为引起手痒的原因主要是芋头的黏液，所以放在流动的水中冲洗可以减少接触黏液的程度。

排骨上蒸锅前，可先用少许的干淀粉拌匀，使排骨表面形成薄薄的一层糊，这样在蒸的过程中，能很好地保持排骨内部的水分，使其肉质更滑嫩。

食材处理

① 已去皮洗净的芋头切成菱形块。

② 洗好的排骨斩段，装入碗中。

③ 加盐、味精、白糖、料酒、姜末、葱末。

④ 拌匀，腌渍10分钟。

⑤ 锅中倒油烧热，入芋头，小火炸约2分钟至熟。

⑥ 捞出芋头，装入盘中。

做法演示

① 将腌好的排骨放入装有芋头的盘中间。

② 将香菇置于排骨上。

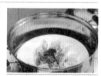

③ 倒放入蒸锅。

④ 加盖中火蒸约15分钟至排骨酥软再取出。

⑤ 淋上少许豉油即可。

紫苏辣椒焖猪肘

⏰ 制作时间 15分钟

材料 熟猪肘600克，青椒30克，紫苏10克，干辣椒、姜片、蒜末、葱段各少许

调料 盐3克，味精、白糖、老抽、蚝油、水淀粉、用油各适量

食材处理

①将洗好的青椒切片。

②熟猪肘去骨，取肉，切块。

制作指导 ▶ 若选用新鲜猪肘烹饪此菜，应先将猪肘放入沸水锅中氽去血水，再放入高压锅内，然后加入几片姜，压制30分钟以上。

做法演示

①起油锅，入姜片、蒜末、葱段和干辣椒爆香。

②倒入猪肘，加老抽、蚝油、盐、味精、白糖炒匀。

③倒入青椒片翻炒均匀。

④加入少许清水焖煮约2分钟至入味。

⑤倒入洗好的紫苏叶炒匀，焖煮片刻。

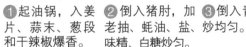

⑥加入少许水淀粉勾芡。

⑦淋入少许熟油炒匀。

⑧盛入盘内即可食用。

烟笋烧牛肉

制作时间 **18 分钟**

材料 烟笋 70 克，牛肉 150 克，青椒片、红椒片各 15 克，姜片、蒜末、葱白各少许

调料 食用油 30 毫升，盐、鸡粉、食粉、生抽、味精、料酒、豆瓣酱、水淀粉、食用油各适量

制作指导 肉块一定要在锅中炒出油来，且炒得有些硬才更香更有嚼劲。

食材处理

①将洗净的牛肉切片。

②牛肉加入少许盐、食粉、生抽、味精，拌匀。

③加入少许水淀粉拌匀。

④加入少许食用油，腌渍 10 分钟。

⑤锅中注入 1000 毫升清水烧开，加入少许食用油拌匀，倒入烟笋拌匀。

⑥煮沸后捞出。

⑦倒入牛肉，拌匀。

⑧余至转色即可捞出。

做法演示

①热锅注油，烧至五成热，放入牛肉。

②滑油片刻捞出。

③锅留底油，倒入姜片、蒜末、葱白、青椒、红椒，炒香。

④倒入烟笋炒匀。

⑤倒入牛肉。

⑥加入盐、鸡粉、料酒、豆瓣酱，翻炒至牛肉热。

⑦加入水淀粉勾芡。

⑧淋入少许熟油，炒匀。

⑨将做好的菜盛入盘内即可。

油面筋炒牛肉

⏰ 制作时间 **20分钟**

材料 牛肉500克，油面筋100克，青、红椒各15克，洋葱、蒜末、姜片、葱白各少许

调料 盐3克，生抽、食粉、味精、水淀粉、鸡粉、蚝油、老抽、食用油各适量

制作指导 牛肉烹饪前，用冷水浸泡2小时，既能去除牛肉中的血水，又可去除腥味。

食材处理

①将洗好的油面筋对半切块。

②洗净的洋葱切成片。

③青椒切成片。

④红椒切成片。

⑤牛肉切片。

⑥加生抽、食粉、盐、味精、水淀粉拌匀。

⑦加适量食用油腌渍10分钟。

⑧热锅注油，烧至四成热，倒入牛肉。

⑨滑油至断生后捞出。

做法演示

①锅留底油，加蒜末、姜片、葱白、洋葱、青椒、红椒炒香。

②倒入少许清水。

③加盐、味精、鸡粉、蚝油和老抽调味。

④倒入油面筋煮约2分钟至熟。

⑤再倒入牛肉。

⑥加少许水淀粉勾芡。

⑦翻炒至熟透。

⑧盛入盘中。

⑨装好盘即可。

青豆焖牛腩

 制作时间 **16分钟**

材料 青豆120克，熟牛腩180克，姜片、朝天椒圈各20克，葱白适量

调料 盐3克，味精2克，柱侯酱、水淀粉、芝麻油、白糖、蚝油各少许，高汤、食用油各适量

制作指导 牛腩入锅后，加入适量的料酒和白醋，可使牛腩更易煮烂，而且肉质变嫩，色佳味美，香气扑鼻。

做法演示

① 熟牛腩切丁。
② 热锅注油烧热，倒入姜片、朝天椒爆香。
③ 倒入洗好的青豆和葱白拌炒匀。

④ 加入柱侯酱，拌匀。
⑤ 倒入牛腩翻炒均匀。
⑥ 加高汤煮开。

⑦ 加盐、白糖、蚝油拌炒匀。
⑧ 加盖焖2～3分钟至熟。
⑨ 揭盖，加入味精炒匀。

⑩ 加入水淀粉炒匀，再淋入少许芝麻油。
⑪ 用水淀粉勾芡。
⑫ 放入蒜叶。

 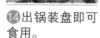
⑬ 拌炒至熟。
⑭ 出锅装盘即可食用。

豉椒炒牛肚

制作时间 **13分钟**

材料 熟牛肚 200 克，青椒 150 克，红椒 30 克，豆豉 20 克，蒜苗段 30 克，蒜末、姜片、葱白各少许

调料 盐、味精、鸡粉、辣椒酱、老抽、水淀粉、料酒、食用油各适量

食材处理

①已洗净的青椒去蒂和籽，切片。

②洗好的红椒去蒂和籽，切片。

③再把熟牛肚切成片。

制作指导 在切辣椒时，先将刀在冷水中蘸一下再切，就不会刺激眼睛。

做法演示

①用油起锅，倒入蒜末、姜片、葱白爆香。

②倒入豆豉爆香。

③倒入牛肚炒匀。

④加入料酒翻炒片刻。

⑤倒入青、红椒片拌炒至熟。

⑥加盐、味精、鸡粉、辣椒酱、老抽，拌匀。

⑦加入水淀粉勾芡，淋入少许熟油拌匀。

⑧倒入青蒜苗段翻炒片刻。

⑨出锅装盘即可食用。

小炒牛肚

⏰ 制作时间 **12 分钟**

材料 熟牛肚 200 克，蒜苗 50 克，红椒 30 克，干辣椒、姜片、蒜末各少许

调料 盐 3 克，味精、鸡粉、料酒、水淀粉、辣椒酱、辣椒油、食用油各适量

食材处理

① 将洗净的蒜苗切段。

② 将洗好的红椒切片。

③ 将牛肚切成片备用。

制作指导 ▶ 牛肚入锅炒制的时间不宜太久，否则煮得过烂，吃起来口感很差。

做法演示

① 热锅注油，倒入蒜末、姜片和干辣椒爆香。

② 倒入已切好的牛肚。

③ 加入少许料酒炒香。

④ 倒入红椒、蒜苗，拌炒均匀。

⑤ 加入辣椒酱、辣椒油拌炒匀。

⑥ 加盐、味精、鸡粉调味，加少许水淀粉勾芡。

⑦ 锅中翻炒片刻至入味。

⑧ 出锅装入盘中即成。

萝卜干炒肚丝

⏰ 制作时间 **13分钟**

材料 萝卜干200克，熟牛肚300克，洋葱丝、红椒丝、姜片、蒜末、葱段各少许

调料 盐、味精、鸡粉、白糖、老抽、生抽、料酒、水淀粉、食用油各适量

食材处理

①将洗好的萝卜干切段，熟牛肚切丝。

②锅中加水烧开，加食用油，倒入萝卜干。

③煮约2分钟后捞出备用。

制作指导 萝卜干入锅焯煮的时间不能太久，否则就失去了萝卜干爽脆的特点。

做法演示

①热锅注油，倒入姜、蒜末、葱段、红椒、洋葱爆香。

②倒入牛肚翻炒均匀。

③加入少许料酒炒香。

④再倒入萝卜干炒匀。

⑤加盐、味精、鸡粉、白糖、老抽、生抽炒匀。

⑥再加入少许水淀粉勾芡，淋入熟油拌匀。

⑦再翻炒片刻至入味。

⑧起锅，盛入盘中即成。

粉蒸羊肉

⏰ 制作时间 **13 分钟**

材料 羊肉 300 克，蒸肉米粉 50 克，蒜末、姜末、红椒末、葱花各少许

调料 料酒、生抽、盐、味精、鸡粉、食用油各适量

食材处理

①将洗净的羊肥肉切粗丝。

②洗净的羊精肉切薄片。

③羊肉放盘中，加料酒、生抽、盐、味精、鸡粉拌匀。

④加入蒸肉粉并抓匀。

⑤放入红椒末、姜末、蒜末。

⑥用手拌至入味。

制作指导 ▶ 羊肉中有很多膜，切丝之前应将其剔除，否则炒熟后肉膜硬，吃起来难以下咽。

做法演示

①将羊肥肉丝摆入盘中。

②摆好羊精肉。

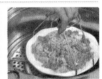

③将盘子转到蒸锅中。

④盖上锅盖，蒸30分钟至熟。

⑤取出羊肉。

⑥热锅注入少许油烧热。

⑦将烧热的油浇在羊肉上。

⑧撒上葱花即可食用。

莴笋炒羊肉

⏰ 制作时间 **14 分钟**

材料 莴笋 150 克，羊肉 200 克，红椒 20 克，姜片、蒜末、葱段少许

调料 蚝油、生抽、料酒、盐、味精、水淀粉、食用油、生粉各适量

制作指导▶ 切生羊肉前，应将羊肉中的膜剔除，否则煮熟后肉膜变硬，会使羊肉的口感变差。羊肉炒前先腌渍一下可以减轻膻味。

食材处理

❶去皮洗净的莴笋切片。

❷洗净的红椒切开后切成片。

❸洗净后的羊肉切片。

❹羊肉片放入生抽、盐、味精搅拌均匀。

❺倒上生粉和食用油抓匀，腌渍10分钟。

❻锅中加水，放盐、油、莴笋煮约1分钟捞出。

做法演示

❶热锅注油，烧至四五成热，倒入羊肉。

❷滑油片刻捞出沥干。

❸锅留底油，倒入蒜末、姜片、葱段、红椒。

❹倒入莴笋炒匀。

❺放入羊肉。

❻加入蚝油、生抽、料酒、盐、味精翻炒至熟。

❼淋上水淀粉和熟油拌匀。

❽盛入盘中即可食用。

香辣啤酒羊肉

⏰ **制作时间** 45 分钟

材料 羊肉 500 克，干辣椒段 25 克，啤酒 200 克，姜片、蒜苗段各少许

调料 盐、蚝油、辣椒酱、辣椒油、水淀粉、食用油各适量

食材处理

① 将洗净的羊肉切块。

② 锅中注水烧开，放入羊肉。

③ 氽煮片刻以去除异味，捞起，装盘备用。

> **制作指导** ▶ 腐烂的生姜会产生一种毒性很强的物质，可使肝细胞变性坏死，还会引发各种癌症病症，所以，腐烂的生姜要丢弃。

做法演示

① 炒锅热油，放入姜片略炒。

② 放入羊肉炒匀。

③ 倒入洗好的干辣椒段炒匀。

④ 加入啤酒、适量盐、蚝油、辣椒酱炒匀。

⑤ 加盖，小火焖煮 40 分钟至羊肉软烂。

⑥ 揭盖，放入蒜梗略炒。

⑦ 再放入蒜叶、辣椒油炒匀。

⑧ 加入水淀粉。

⑨ 快速翻炒均匀。

⑩ 将锅中的材料移至砂煲内，煨煮片刻。

⑪ 端下砂煲即可食用。

禽蛋类

泥蒿炒鸡胸肉

⏰ 制作时间 **13 分钟**

材料 泥蒿 100 克，鸡胸肉 200 克，彩椒丝、红椒丝、葱段、蒜末各少许

调料 水淀粉、盐、味精、白糖、料酒、食用油各适量

制作指导▶泥蒿的味道清甜、爽口，肉质细嫩。因此，炒制泥蒿的时间不要太久，用大火快速翻炒至断生即可。

食材处理

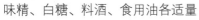

①把洗净的鸡胸肉切丝。

②洗净的泥蒿切成段。

③将切好的鸡肉丝加盐、味精拌匀。

④加水淀粉拌匀。

⑤倒上食用油，腌渍 10 分钟。

⑥油锅烧热，倒入鸡丝，滑至断生后捞出。

做法演示

①锅底留油，倒入彩椒、红椒、蒜末、葱炒香。

②倒入泥蒿炒匀，加料酒炒匀。

③倒入鸡肉丝翻炒至熟透。

④加盐、味精、白糖调味，翻炒均匀。

⑤加水淀粉勾芡，翻炒至入味。

⑥盛出装盘即可食用。

老干妈冬笋炒鸡丝

制作时间 14分钟

材料 鸡胸肉 120 克，冬笋 20 克，洋葱丝、蒜末各少许

调料 老干妈 20 克，盐、味精、白糖、水淀粉、料酒、食用油、鸡粉各适量

制作指导 这道菜要少放盐，因为老干妈本身有咸味。同时这道菜也可以演变成多种口味，可以将老干妈调换成其他酱料，比如郫县豆瓣酱或者剁椒酱。

食材处理

①已洗净的鸡胸肉切片后切丝。

②洗净的冬笋切片，再切成丝。

③鸡胸肉加盐、味精、少许清水拌匀。

④倒入水淀粉搅拌均匀。

⑤加适量食用油腌渍 10 分钟。

⑥锅中加清水烧开，加入少许盐。

⑦倒入冬笋后加鸡粉煮约 1 分钟。

⑧用漏勺捞出来备用。

做法演示

①热锅注油，烧至四成热，放入鸡丝。

②滑油片刻捞出。

③锅底留油，倒入蒜末、洋葱丝、老干妈、冬笋丝、鸡肉。

④加料酒、盐、味精、白糖炒至入味。

⑤加入水淀粉进行勾芡。

⑥盛入盘中即可食用。

泡豆角炒鸡柳 ⏱制作时间 15分钟

材料 泡豆角70克，鸡胸肉200克，青椒、红椒各15克，蒜末、葱白各少许

调料 盐3克，味精2克，料酒、熟油、水淀粉各适量

制作指导 如果自己制作泡豆角，应选用色泽好、大小一致、无蛀的新鲜嫩豆角。购买时可以用手稍微捏豆角，如果很紧实就说明豆角新鲜，如果捏上去很空，说明不是新鲜的豆角。

做法演示

①锅底留油，入蒜末、葱白爆香。
②再倒入青椒、红椒翻炒。
③放入洗净的泡豆角炒匀。

④倒入滑好油的鸡肉。
⑤加料酒、味精、盐翻炒入味。
⑥加入少许水淀粉勾芡。

⑦淋入熟油拌炒均匀。
⑧盛出装盘即可食用。

食材处理

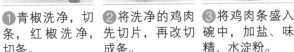

①青椒洗净，切条，红椒洗净，切条。
②将洗净的鸡肉先切片，再改切成条。
③将鸡肉条盛入碗中，加盐、味精、水淀粉。

④再加少许食用油拌匀，腌渍10分入味。
⑤热锅注油，烧至四成热，倒入鸡肉。
⑥滑油片刻后捞出备用。

豉香鸡肉

⏰ **制作时间** 15分钟

材料 净鸡肉500克，豆豉、蒜末各35克，青、红椒末各50克

调料 盐8克，味精3克，白糖2克，料酒15毫升，老抽、生抽各10毫升，生粉、水淀粉、食用油各适量

食材处理

① 鸡肉斩成小件，装入碗中。

② 鸡肉加料酒、盐、味精、生抽抓匀。

③ 再用少许生粉抓匀，腌渍10分钟至入味。

④ 锅中注油烧热，倒入鸡块。

⑤ 用锅铲将其搅散，炸约1分钟至熟透。

⑥ 捞起沥油备用。

制作指导 放入调味料调味时，应将火调小，以免鸡肉焦煳粘锅。

做法演示

① 锅底留少许油，倒入豆豉、蒜末爆香。

② 再倒入青椒末、红椒末，翻炒均匀。

③ 倒入鸡块炒匀。

④ 转小火，淋上料酒、老抽。

⑤ 加入盐、味精、白糖炒至入味。

⑥ 出锅盛入盘中即成。

香辣孜然鸡

⏰ 制作时间
13 分钟

材料 卤鸡450克，朝天椒末15克，姜片、葱花、白芝麻各少许

调料 盐、味精、料酒、蚝油、辣椒粉、孜然粉、食用油各适量

食材处理

①卤鸡斩成块。

②油锅烧至五成热，倒入鸡块炸约2分钟至香。

③捞出装盘备用。

制作指导 炸鸡块时，油温不宜过高，五六成热时下入鸡块最适宜。油温过高鸡皮容易焦，影响成菜的美观。

做法演示

①锅留底油，倒入姜片、朝天椒末煸香。

②倒入炸好的鸡块，翻炒均匀。

③加入盐和味精炒匀。

④再淋入料酒、蚝油炒1分钟至入味。

⑤撒入辣椒粉和孜然粉。

⑥快速拌炒均匀。

⑦再撒入葱花拌炒匀。

⑧将炒好的孜然鸡盛入盘内，撒上白芝麻即成。

椒香竹篓鸡

⏰ 制作时间
13 分钟

材料 鸡肉 300 克，青、红椒各 15 克，干辣椒 10 克，蒜末 5 克，白芝麻 5 克，辣椒粉适量

调料 盐 3 克，味精 2 克，料酒、辣椒油、面粉、食用油各适量

食材处理

❶ 将洗净的青、红椒对半切开，去除籽，改切成片。

❷ 将洗好的鸡肉斩块。

❸ 鸡块装入盘中，加料酒、盐、味精抓匀。

❹ 淋入辣椒油拌匀，撒入面粉拌匀，腌渍 10 分钟。

❺ 锅中注油烧至五成热，入鸡块，中火炸 2 分钟至金黄。

❻ 捞出炸好的鸡块备用。

制作指导 炸鸡肉时，应掌握好油温，以五六成热最为适宜。待鸡肉炸至金黄色时，可捞出鸡肉，升高油温，再放入鸡肉浸炸片刻，使其肉质外脆里嫩。

做法演示

❶ 锅留底油，倒入蒜末、干辣椒煸香。

❷ 放入青、红椒片拌炒匀。

❸ 倒入鸡块，翻炒片刻。

❹ 淋入辣椒油，倒入辣椒粉，拌炒约 1 分钟。

❺ 加入盐、味精，再淋入少许料酒。

❻ 拌炒均匀。

❼ 撒入白芝麻，拌炒匀。

❽ 盛入竹篓内即可食用。

农家尖椒鸡

⏰ 制作时间 **15 分钟**

材料 净鸡肉450 克，青椒30 克，红椒 10克，荷兰豆 10克，姜片、葱白各少许

调料 盐、味精、蚝油、豆瓣酱、料酒、水淀粉、食用油各适量

制作指导 鸡肉入锅滑油时，应用锅铲不停地翻动，使鸡肉均匀受热。

食材处理

①净鸡肉斩成块。

②洗净的青椒和红椒均切成片。

③鸡块加盐、料酒和水淀粉拌匀腌渍。

④油锅烧至五成热，入鸡块，滑油约2分钟至熟。

⑤倒入青椒、红椒，滑油片刻后和鸡肉一起捞出。

做法演示

①锅留底油，倒入姜片、葱白和洗好的荷兰豆。

②加豆瓣酱炒香。

③拌炒均匀。

④倒入鸡块、青椒和红椒。

⑤翻炒约2分钟至入味。

⑥加盐、味精、蚝油炒匀调味。

⑦再加入少许水淀粉勾芡。

⑧快速拌炒直至入味。

⑨盛入盘内即可食用。

腊鸡炖青笋

⏰ 制作时间 **10 分钟**

材料 腊鸡 450 克，莴笋 400 克，青椒、红椒各 35 克，姜片、蒜末各 10 克

调料 料酒、盐、味精、鸡粉、水淀粉、食用油各适量

食材处理

❶ 把洗好的腊鸡斩成小件。

❷ 去皮洗净的莴笋切滚刀块。

❸ 洗净的青椒、红椒均去除籽，切小段。

制作指导 因腊鸡很咸，故烹饪此菜时不宜放太多盐。

做法演示

❶ 炒锅热油，放入姜片、蒜末爆香。

❷ 放入腊鸡块炒匀。

❸ 淋入料酒，注入适量清水，拌炒匀。

❹ 加上盖子，煮约 2~3 分钟至七成熟。

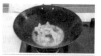
❺ 揭开盖，放入莴笋，翻炒均匀。

❻ 加鸡粉、盐、味精调味。

❼ 拌煮至莴笋熟透。

❽ 倒入青椒片、红椒片。

❾ 翻炒均匀。

❿ 再用水淀粉勾芡汁。

⓫ 出锅盛入盘中即成。

酸笋炒鸡胗

制作时间 18分钟

材料 酸笋200克，处理好的鸡胗80克，青椒片、红椒片、姜片、蒜末、葱白各少许

调料 料酒、盐、味精、生粉、蚝油、老抽、水淀粉、食用油各适量

食材处理

①将洗净的酸笋切片。

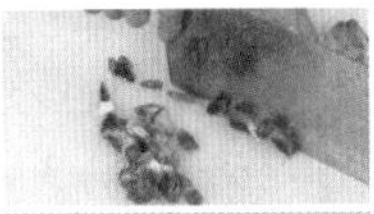

②鸡胗切花刀，再切片。

③鸡胗加料酒、盐、味精拌匀。

④撒上生粉拌匀，腌渍10分钟。

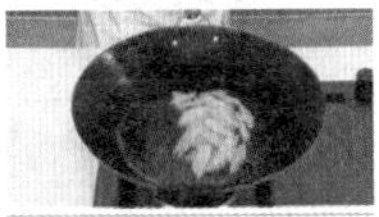

⑤锅中加清水，倒入酸笋。

⑥煮沸后捞出。

⑦再倒入鸡胗。

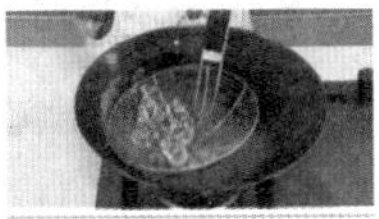

⑧煮沸捞出。

制作指导 开始煸炒酸笋时一定要用小火，将酸笋汁水里的馊臭味儿逐渐蒸发掉。如果用猛火，酸笋外表干了，里面没干，会影响口感。

做法演示

①起油锅，倒入姜片、蒜末、葱白。

②放入鸡胗炒匀。

③加入蚝油、老抽、料酒炒香。

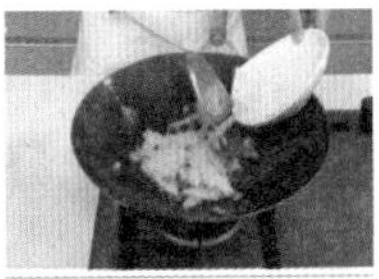

④倒入酸笋翻炒至熟。

⑤加入青、红椒，放入盐、味精炒至入味。

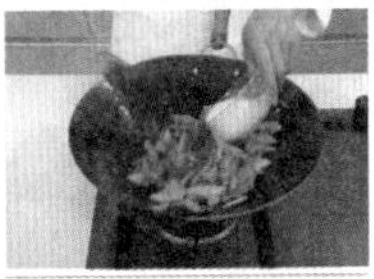

⑥加水淀粉勾芡。

⑦淋入熟油拌匀。

⑧盛入盘中。

⑨装好盘即可食用。

酸萝卜炒鸡胗

⏰ 制作时间 **14 分钟**

材料 鸡胗 250 克，酸萝卜 250 克，姜片、蒜末、葱白各少许

调料 味精、盐、白糖、料酒、生粉、辣椒酱、水淀粉、食用油各适量

制作指导 酸萝卜切片，用水泡半小时，可去掉多余的咸酸味。

做法演示

① 用油起锅，加入姜片、蒜末、葱白。

② 然后倒入鸡胗炒香。

③ 倒入料酒炒匀，再加生粉翻炒匀。

④ 加入酸萝卜翻炒至熟。

⑤ 放味精、盐、白糖，再加入少许清水翻炒。

⑥ 加辣椒酱炒匀。

⑦ 加水淀粉勾芡。

⑧ 加熟油拌匀。

⑨ 盛入盘中即可食用。

食材处理

① 将处理干净的鸡胗打花刀，再切成片。

② 鸡胗加料酒、盐、味精拌匀。

③ 撒上生粉拌匀。

④ 锅中加清水烧开，倒入鸡胗。

⑤ 汆烫片刻后捞出来。

尖椒爆鸭

⏰ 制作时间
12分钟

材料 熟鸭肉200克，辣椒100克，豆瓣酱10克，干辣椒、蒜末、姜片、葱段各少许

调料 盐3克，味精、白糖、料酒、老抽、生抽、水淀粉、食用油各适量

食材处理

①将鸭肉斩成块，洗净的辣椒去籽，切成片。

②锅中注油，烧至五成热，倒入鸭块。

③小火炸约2分钟至表皮呈金黄色，捞出备用。

制作指导 烹饪此菜时，若选用鲜鸭肉烹制，可先用少许白酒和盐将鸭肉抓匀，腌渍10多分钟。这样不仅能有效去除鸭肉的腥味，而且还能为菜肴增香。

做法演示

①锅留底油，倒入蒜末、姜片、葱段、干辣椒煸香。

②倒入炸好的鸭块翻炒片刻。

③加豆瓣酱炒匀。

④加料酒、老抽、生抽拌炒匀。

⑤倒入少许清水，煮沸后加盐、味精、白糖炒匀。

⑥倒入辣椒片，拌炒至熟。

⑦加入少许水淀粉，快速拌炒匀。

⑧撒入剩余葱段炒匀。

⑨盛入盘内即可食用。

尖椒炒鸭胗

⏰ **制作时间** 15 分钟

材 料 鸭胗 250 克，姜片 10 克，青椒、红椒各 20 克，葱段少许

调 料 料酒、盐、生粉、味精、蚝油、水淀粉、芝麻油、食用油各适量

制作指导 清洗鸭胗时，可以加少许食用盐搓洗，撕掉表面的黄膜和白筋，这样处理之后烹饪出来的鸭胗腥味较少，且不油腻。

食材处理

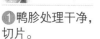

①鸭胗处理干净，切片。

②红椒洗净，斜切段，青椒洗净，斜切段。

③鸭胗加料酒、盐、生粉拌匀，腌制 10 分钟。

做法演示

①用油起锅，倒入鸭胗爆香。

②加入姜片、葱段炒 2 ~ 3 分钟至熟。

③倒入青红椒段，拌炒至熟。

④加盐、味精、蚝油调味。

⑤再加水淀粉勾芡，淋入少许芝麻油拌匀。

⑥装盘即成。

豆豉青椒鹅肠
⏰ 制作时间 **13 分钟**

材料 熟鹅肠 200 克，青椒 30 克，红椒 15 克，豆豉、蒜末、姜片、葱白各适量

制作指导 在切辣椒时，先将刀在冷水中蘸一下再切，就不会辣眼睛。

做法演示

调料 盐 2 克，味精、鸡粉、蚝油、辣椒酱、料酒、水淀粉、食用油各适量

食材处理

①熟鹅肠切成段。

②再将洗好的红椒切片。

③将青椒切片。

①热锅注油，入蒜末、姜片、葱白、豆豉、鹅肠炒匀。

②加入料酒。

③再加入青红椒炒香。

④再倒入辣椒酱炒匀。

⑤加少许清水，调入盐、味精、鸡粉、蚝油炒匀。

⑥加入少许水淀粉勾芡。

⑦将勾芡后的菜炒匀。

⑧盛入盘内即可食用。

干锅湘味乳鸽

制作时间 **14 分钟**

材料 乳鸽1只，干辣椒10克，花椒、生姜片、葱段各少许

调料 盐、味精、蚝油、辣椒酱、辣椒油、料酒、食用油各适量

制作指导 ▷ 烹饪乳鸽时，可加入姜片和蒜蓉同炒，这样不仅可以去腥，还可预防感冒；加入少许干辣椒一起炒，还具有开胃消食的作用。

做法演示

①将洗净的乳鸽斩块。

②起油锅，倒入鸽肉翻炒2~3分钟至熟。

③再倒入生姜片、花椒、干辣椒翻炒入味。

④加少许料酒拌炒匀，倒入少许清水。

⑤加盖焖煮片刻。

⑥揭盖，加盐、味精、蚝油、辣椒酱拌匀调味。

⑦最后淋入适量辣椒油拌匀。

⑧再撒入葱段翻炒匀。

⑨即可出锅。

过桥豆腐

⏰ 制作时间 **25 分钟**

材料 鸡蛋4个，豆腐300克，猪肉30克，红椒、葱各少许

调料 盐、鸡粉、料酒、老抽、食用油各适量

> **制作指导** 蒸水蛋时，要掌握好蛋和水的比例，若水分太少，蒸出的水蛋不够嫩滑，影响口感，最佳比例应为1比1.7。切豆腐时，因豆腐很嫩，故切的时候要轻点，以免豆腐散碎，影响成品美观。摆盘的时候，整蛋要轻轻放入，以免破坏水蛋的形状。

食材处理

❶葱洗净切葱花。

❷红椒洗净切粒。

❸猪肉洗净剁成肉末。

❹将鸡蛋打入碗内。

❺再分别装入垫有保鲜膜的味碟中，淋入少许蛋清。

做法演示

❶将整蛋放入蒸锅。

❷加上盖慢火蒸5分钟至熟，取出备用。

❸剩余鸡蛋加盐、鸡粉少许，再加温水调匀。

❹倒入盘内。

❺放入蒸锅。

❻加盖大火蒸5分钟至熟，取出。

❼将蒸熟的整蛋取出，摆在水蛋上。

❽将豆腐块放入加了盐、鸡粉的热水锅中焯水后备用。

❾将肉末放入热油锅中，与料酒、老抽、盐调成酱料备用。

❿将焯水后的豆腐切块放入盘中。

⓫再撒上酱料、葱花。

⓬装好盘后即可食用。

荷包蛋炒肉片

⏱ **制作时间** **21 分钟**

材料 猪瘦肉200克，鸡蛋2个，青椒片15克，朝天椒、姜片、蒜末各10克，葱白少许

调料 盐3克，味精、水淀粉、生抽、老抽、蚝油、料酒、香油、辣椒酱、食用油各少许

食材处理

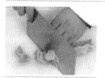

①将瘦肉洗净，切片。

②瘦肉片装盘。

③加老抽、料酒、盐、味精、水淀粉拌匀腌渍。

制作指导 煎蛋时油受高温容易外溅，可在油锅中加一点面粉，不仅防爆，煎出的蛋颜色也好看。

做法演示

①热锅注油，打入鸡蛋，小火煎至两面金黄色。

②盛出鸡蛋，待凉后将荷包蛋切成块。

③再起锅热油，入肉片炒熟，加辣椒酱炒匀。

④倒入姜、蒜、葱段炒香。

⑤再入青椒、朝天椒炒匀。

⑥荷包蛋入锅翻炒片刻，加盐、味精、蚝油、生抽调味。

⑦最后用少许水淀粉勾芡。

⑧淋上香油即可食用。

剁椒荷包蛋

⏰ 制作时间 **20 分钟**

材料 鸡蛋4个，剁椒100克，青椒末、红椒末各少许

调料 食用油适量

食材处理

① 锅中注入适量食用油，烧热，打入鸡蛋。

② 煎至两面金黄，制成荷包蛋。

③ 依次制成多个荷包蛋，将荷包蛋对半切开。

制作指导 剁椒含有较多的盐分，炒制此菜时，不需要加盐调味。

做法演示

① 锅底留油，倒入剁椒、青红椒末炒香。

② 加入少许清水炒匀。

③ 倒入切好的荷包蛋。

④ 拌炒均匀。

⑤ 盛入盘中即可食用。

咸蛋炒茄子

⏰ 制作时间 **15 分钟**

材料 茄子 200 克，熟咸蛋 1 个，青、红椒各 15 克，蒜末、葱白各少许

调料 蚝油、料酒、盐、味精、白糖、鸡粉、老抽、辣椒酱、生粉、食用油各适量

食材处理

①洗净去皮的茄子切小块，放入碗中，撒生粉拌匀。

②青椒、红椒均洗净，切片。

③将咸蛋去除蛋壳，再将蛋切成小块。

制作指导 炸茄子油温不宜过高，以免将茄子炸老而影响口感。

做法演示

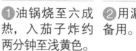

①油锅烧至六成热，入茄子炸约两分钟至浅黄色。

②用漏勺捞出来备用。

③锅底留油，入蒜末、葱白爆香。

④再倒入青椒、红椒炒香。

⑤倒入油炸好的茄子。

⑥加入蚝油。

⑦淋上料酒。

⑧加入盐、味精、白糖、鸡粉、老抽。

⑨再放入辣椒酱翻炒匀。

⑩加咸蛋炒匀。

⑪盛入盘中即可食用。

剁椒鱼头

⏰ 制作时间 **23 分钟**

材料 鲢鱼头 450 克，剁椒 130 克，葱花、葱段、蒜末、姜末、姜片各适量

调料 盐 2 克，味精、蒸鱼豉油、料酒、食用油各适量

食材处理

① 鱼头洗净切成相连两半，在鱼肉上划一字刀。

② 用料酒抹匀鱼头，鱼头内侧再抹上盐和味精。

③ 将剁椒、姜末、蒜末装入碗中。

④ 加少许盐、味精抓匀。

⑤ 将调好味的剁椒铺在鱼头上。

⑥ 鱼头翻面，铺上剁椒、葱段和姜片腌渍入味。

制作指导 鱼头上锅蒸制之前，腌制时间不要太长，以 10 分钟为佳。因为盐有渗透和凝固蛋白质的作用，放置时间过长会使肉质发硬影响口感。在鱼两侧划纹时，走刀不要太深，否则鱼肉易散。

做法演示

① 蒸锅注水烧开，放入鱼头。

② 加盖大火蒸约 10 分钟至熟透。

③ 揭盖，取出蒸熟的鱼头，挑去姜片和葱段。

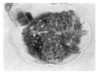

④ 淋上蒸鱼豉油。

⑤ 撒上葱花。

⑥ 起锅入油烧热，将热油浇在鱼头上即可。

野山椒蒸草鱼

⏰ 制作时间 **25 分钟**

材料 草鱼 300 克，野山椒 20 克，姜丝、姜末、蒜末、葱丝、红椒丝各少许

调料 盐、味精、料酒、食用油、豉油各适量

制作指导 腌制鱼肉的时候，还可以加入少许胡椒粉和白酒，这样能更好地去腥提鲜。蒸草鱼时，一定要先烧开蒸锅里面的开水，然后再下锅蒸。因为鱼突然一遇到温度比较高的蒸气时，其外部的组织就会凝固，而内部的鲜汁又不容易外流，这样所蒸出来的鱼味鲜美，富有光泽。

食材处理

① 野山椒切碎。

② 将切好的野山椒装入盘中，加入姜末、蒜末。

③ 加入盐、味精、料酒，拌匀。

④ 将调好的野山椒末，放在洗净的草鱼肉上。

⑤ 腌制 10 分钟至入味。

做法演示

① 将腌好的草鱼放入蒸锅。

② 加盖，大火蒸约 10 分钟至熟透。

③ 揭盖，取出蒸熟的草鱼。

④ 撒入姜丝、红椒丝、葱丝。

⑤ 锅中倒入少许食用油，烧热。

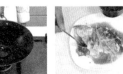

⑥ 将热油淋在蒸熟的草鱼上，盘底浇入豉油即成。

剁椒蒸鱼尾

⏰ 制作时间 **20分钟**

材料 草鱼尾300克，西蓝花300克，剁椒50克，姜末、红椒末、葱花各少许

调料 盐3克，味精、鸡粉、芝麻油、生粉、胡椒粉、食用油各适量

食材处理

① 鱼尾取骨，斩成长块。

② 鱼尾肉切长块，摆入盘中。

③ 将洗净的西蓝花切瓣。

④ 剁椒加味精、鸡粉、红椒末、姜末、生粉、芝麻油拌匀。

⑤ 将拌好的剁椒淋在鱼尾上。

制作指导 ▸ 鱼肉味道鲜美，烹调时不用放味精。制作蒸菜的草鱼，选料要新鲜。烹饪时，必须水沸后再入锅蒸煮，这样才能锁住鱼肉本身的鲜味。

做法演示

① 将盘移到蒸锅。

② 加盖蒸7~8分钟。

③ 鱼尾蒸熟后取出来。

④ 锅中入清水烧热，加油、盐、西蓝花煮约1分钟捞出。

⑤ 将西蓝花围边。

⑥ 撒上葱花。

⑦ 再撒入胡椒粉。

⑧ 锅中加油，烧热，将热油浇在鱼肉上。

⑨ 即可食用。

豆腐烧鲫鱼

制作时间
18 分钟

材料 鲫鱼1条，豆腐100克，姜丝5克，胡萝卜片3克，香菜各2克

调料 盐、鸡粉、胡椒粉、料酒、食用油各适量

食材处理

❶将鲫鱼宰杀洗净，两面剞上一字花刀。

❷豆腐洗净切块装盘。

制作指导 鲫鱼剞上花刀，往刀口处抹上少许盐腌制片刻，这样在煎的时候就可以使鲫鱼肉更有韧劲。豆腐入锅煮之前，用冷咸水先浸泡5分钟，不但豆腐不易煮烂，而且比较入味。

做法演示

❶热锅入油，放入鲫鱼，两面煎至金黄，淋少许料酒。

❷倒入适量清水，放入姜丝，加盖煮沸。

❸转到砂煲，加盖，大火烧开转小火烧煮2~3分钟。

❹加入豆腐块、胡萝卜片、香菜、盐、鸡粉、胡椒粉。

❺煮约1分钟至豆腐熟透。

❻关上火，端出即成。

腊八豆烧黄鱼 ⏰ 制作时间 25分钟

材料 黄鱼450克，腊八豆100克，姜片、葱段、红椒各20克

调料 盐4克，料酒、水淀粉、鸡粉、味精、食用油各适量

食材处理

①将处理后的黄鱼抹盐、淋上料酒，腌渍10分钟。

制作指导 烹饪此菜，不宜放太多盐，因为腊八豆本身就有咸味。其次，将鱼放入锅中煎至焦香最好，但不要煎煳。

做法演示

①锅热油，倒入少许姜片。

②下入已经腌好的黄鱼。

③煎至两面金黄，放入余下的姜片和葱段。

④注入适量清水。

⑤再放入腊八豆，煮片刻至沸腾。

⑥加盐、味精、鸡粉、料酒调味。

⑦盖上盖，小火焖煮约5分钟至入味。

⑧将煮好的黄鱼盛出来，在盘中摆好。

⑨在原锅中加水淀粉调成芡汁。

⑩再倒入红椒炒匀，即成味汁。

⑪将味汁淋在鱼身上即成。

红烧刁子鱼

⏰ 制作时间 **15分钟**

材料 刁子鱼550克，干辣椒7克，姜片15克，蒜片10克，葱段5克

调料 盐、葱姜酒汁、生粉、味精、豆瓣酱、水淀粉、辣椒油、白糖、蚝油、花椒油、料酒、食用油各适量

食材处理

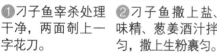

①刁子鱼宰杀处理干净，两面剞上一字花刀。

②刁子鱼撒上盐、味精、葱姜酒汁拌匀，撒上生粉裹匀。

> **制作指导** 炸刁子鱼时，应高油温投入略炸，再转中火浸炸，边炸边晃动锅，让鱼受热均匀，使其快速定型。炸制过程中还可以用锅铲稍稍按压鱼身，让鱼身里的水分充分炸干，这样炸出的鱼外焦里嫩。

做法演示

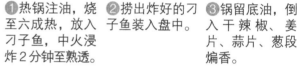

①热锅注油，烧至六成热，放入刁子鱼，中火浸炸2分钟至熟透。

②捞出炸好的刁子鱼装入盘中。

③锅留底油，倒入干辣椒、姜片、蒜片、葱段煸香。

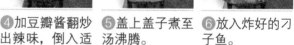

④加豆瓣酱翻炒出辣味，倒入适量清水搅匀。

⑤盖上盖子煮至汤沸腾。

⑥放入炸好的刁子鱼。

⑦加盖焖烧2~3分钟。

⑧揭盖，用锅勺浇汁在刁子鱼上。

⑨淋入料酒继续烧煮。

⑩加盐、味精、白糖、蚝油调味。

⑪将刁子鱼盛入盘中。

⑫原汤汁加水淀粉勾薄芡。

⑬加辣椒油、花椒油拌匀制成芡汁。

⑭将芡汁浇在鱼身上即可。

老干妈蒸刁子鱼干

🕐 制作时间 **13分钟**

材料 刁子鱼干200克，姜末35克，蒜末20克，辣椒圈15克，姜丝少许

调料 老干妈40克，辣椒酱、生抽、食用油各适量

食材处理

❶热锅注油，烧至五成热。

❷倒入刁子鱼。

❸炸至金黄色捞出装盘。

制作指导 炸刁子鱼时应高油温投入略炸，再转中火浸炸，边炸边晃动锅，让鱼受热均匀，使其快速定型。炸制过程中还可以用锅铲稍稍按压鱼身，让鱼身里的水分充分炸干，这样炸出的鱼才会外焦里嫩。

做法演示

❶锅底留油，倒入姜末、蒜末、辣椒圈。

❷加老干妈、辣椒酱炒香，制成酱料。

❸加生抽炒匀。

❹将炒好的酱料，浇在刁子鱼上。

❺撒上姜丝。

❻转到蒸锅。

❼盖上盖子，蒸约30分钟。

❽揭盖后取出。

❾浇上热油即成。

豉椒武昌鱼

制作时间
18 分钟

材料 武昌鱼 550 克，豆豉 25 克，青、红椒末各 15 克，姜片、蒜末、葱白、葱花各少许

调料 蚝油、生抽、老抽、盐、味精、白糖、料酒、水淀粉、生粉、食用油各适量

食材处理

❶将处理好的武昌鱼抹上盐、料酒，腌渍 15 分钟。

❷撒上生粉拍匀。

制作指导 制作稠汁时，要一边倒水淀粉，一边不停地搅拌，并且最好用中火。这样做出的稠汁既美观又可口。

做法演示

❶锅中入油，烧至六成热，放入武昌鱼。

❷不停地用锅铲浇油，中火炸约 5 分钟至熟透。

❸捞出沥油，放入盘中摆好。

❹锅留底油，入蒜、姜、葱、青椒、红椒、豆豉炒香。

❺淋入少许料酒炒匀，注入适量清水。

❻加蚝油、生抽、老抽、盐、味精、白糖。

❼烧开后倒入水淀粉，再搅拌成稠汁。

❽将稠汁均匀地淋在鱼上。

❾撒上葱花，摆好盘即成。

孔雀武昌鱼

⏰ 制作时间
20 分钟

材料 武昌鱼 1 条，青、红椒各 20 克，生姜 30 克

调料 盐、味精、豉油、食用油各适量

食材处理

❶将处理干净的武昌鱼切下鱼头、鱼尾、鱼鳍。

❷鱼身切直刀片。

❸红椒切圈，部分切成丝。

❹青椒切成丝。

❺将去皮洗净的生姜切片，再切成丝。

❻将所有切好的材料分别装入碗中备用。

制作指导 蒸武昌鱼的时候一定要用大火蒸，且要让水烧开后再将鱼放入蒸锅中，这样蒸出来的鱼味道更鲜美。

做法演示

❶鱼片装盘，铺平，点缀上红椒圈，青椒丝。

❷撒上盐、味精。

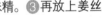

❸再放上姜丝。

❹摆入鱼头。

❺转至蒸锅。

❻加盖，大火蒸7~8分钟。

❼待鱼蒸熟取出。

❽浇上豉油、熟油即成。

椒香黄鱼块

⏰ 制作时间 **12分钟**

材料 黄鱼200克，干辣椒末5克，葱花、青椒末、红椒末、面粉各适量

调料 料酒、盐、辣椒油、食用油各适量

食材处理

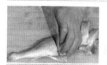

①宰杀处理干净的黄鱼切成块。

②把鱼块放入盘中，加料酒、盐拌匀。

③撒上面粉，沾裹均匀。

④锅中入油烧至六成热，放入切好的黄鱼块。

⑤约炸1分钟至金黄色。

⑥捞出沥油。

制作指导 黄鱼鲜嫩可口，可多加些面粉裹匀，以避免将肉质炸老。

做法演示

①热锅注油，倒入青椒末、红椒末煸香。

②倒入炸好的黄鱼块。

③倒入干辣椒末。

④淋入少许辣椒油拌炒均匀。

⑤倒入少许葱花。

⑥翻炒均匀。

⑦用筷子将鱼块夹入盘中。

⑧再将辣椒末撒在鱼身上即可。

豆豉炒鱼片

⏰ **制作时间 15 分钟**

材料 草鱼 200 克，油菜 150 克，豆豉、蒜末、姜片、菜椒粒各少许

调料 盐、味精、白糖、蚝油、生抽、生粉、食用油各适量

制作指导 豆豉不仅是很好的调味料，它还能促进消化，可与鱼肉搭配成一道美味菜肴。

食材处理

❶将洗净的油菜对半切开。

❷将去骨的草鱼肉切片。

❸草鱼片加盐拌匀，撒上生粉拌匀腌渍 10 分钟。

❹沸水锅中入食用油、盐，入油菜煮 1 分钟至熟。

❺用漏勺捞出来备用。

做法演示

❶油锅烧至五成热，倒入鱼片滑油至熟。

❷捞出备用。

❸将焯熟的油菜垫在盘中。

❹再叠放上滑炒熟的鱼片。

❺锅留底油，入豆豉、蒜末、姜片、菜椒炒香。

❻加入蚝油、生抽炒匀。

❼倒入少许清水煮沸。

❽加入盐、味精、白糖调成芡汁。

❾将芡汁浇在盘中即可。

韭菜花炒小鱼干 ⏰ 制作时间 13 分钟

材料 小鱼干 40 克，韭菜花 300 克，姜片、蒜末、红椒丝各少许

调料 盐 3 克，味精 2 克，水淀粉 10 毫升，白糖 3 克，生抽、料酒、食用油各少许

制作指导 韭菜花入锅炒制的时间不能太久，否则会影响其脆嫩的口感。

做法演示

① 锅底少许留油，倒入姜片、蒜末爆香。

② 放入鱼干、料酒炒匀。

③ 加白糖、生抽炒匀。

④ 倒入韭菜花、红椒丝。

⑤ 翻炒约 1 分钟至熟。

⑥ 加盐、味精，炒匀调味。

⑦ 加水淀粉勾芡。

⑧ 加入少许熟油炒匀。

⑨ 盛出装盘即可。

食材处理

① 将洗净的韭菜花切成约 3 厘米长段。

② 热锅注油，烧至五成熟，倒入鱼干。

③ 炸片刻后捞出。

湘味腊鱼

⏰ 制作时间 **27 分钟**

材料 腊鱼 500 克，朝天椒 20 克，泡椒 20 克，姜丝 20 克

调料 食用油适量

食材处理

① 将洗净的腊鱼斩块。

② 朝天椒切圈。

③ 泡椒切成碎。

④ 锅中加适量清水烧开，倒入腊鱼肉。

⑤ 煮沸后捞出。

制作指导 腊鱼蒸后可直接食用，或和其他干鲜蔬菜同炒，西餐中一般用作多种菜肴的配料。

做法演示

① 热锅注油，烧至五成热，倒入腊鱼。

② 滑油片刻捞出。

③ 腊鱼装入盘中，撒上泡椒、朝天椒、姜丝。

④ 转至蒸锅，加盖，用中火蒸 15 分钟。

⑤ 揭盖，取出蒸好的腊鱼。

⑥ 淋入少许熟油即成。

酒香腊鱼

⏰ **制作时间**
15 分钟

材料 腊鱼 250 克，红酒 60 毫升，葱结、姜片、葱段、干辣椒段各适量

调料 料酒、生抽、水淀粉、食用油各适量

食材处理

①锅中注入适量清水，放入腊鱼煮沸。

②锅中加入葱结和少许姜片，淋入料酒。

③加盖煮约5分钟至腊鱼变软。

④捞出已煮好的腊鱼。

⑤沥干装入盘中备用。

⑥将煮软的腊鱼斩成小件。

制作指导 煮腊鱼的时间不宜太长，否则斩件时腊鱼容易散掉，影响成菜美观。

做法演示

①用锅起油，入干辣椒、葱段和余下的姜片爆香。

②倒入少许红酒。

③放入腊鱼，淋上余下的红酒。

④翻炒均匀。

⑤加入生抽，煮约1分钟至腊鱼入味。

⑥将鱼块盛入盘中摆好。

⑦原汤汁留锅中。

⑧置火上后用水淀粉调成芡汁。

⑨浇入盘中，摆好盘即成。

青蒜焖腊鱼

制作时间
16 分钟

材料 腊鱼 150 克，青蒜苗 20 克，胡萝卜片、姜片各少许

调料 盐、味精、蚝油、料酒、水淀粉、芝麻油、食用油各适量

食材处理

① 腊鱼洗净切块。

② 将青蒜苗洗净切段。

③ 切好的腊鱼、青蒜苗装入盘中。

制作指导 腊鱼表面附着较多的盐分和杂质，烹饪前要用热水清洗干净。或者放入水锅中煮 5 分钟，以去除多余的盐分和杂质，煮后的腊鱼肉质也会变软，这样还可缩短烹饪的时间。

做法演示

① 用油起锅，放入姜片爆香。

② 倒入腊鱼。

③ 翻炒均匀。

④ 淋入料酒。

⑤ 倒入蒜苗梗。

⑥ 拌炒 2~3 分钟至熟。

⑦ 加入少许盐、味精、蚝油炒匀调味。

⑧ 加水淀粉勾芡。

⑨ 倒入蒜苗叶和胡萝卜炒匀。

⑩ 淋入少许芝麻油炒匀。

⑪ 出锅盛入盘内即成。

豆角干炒腊鱼 ⏰ 制作时间 12 分钟

材料 腊鱼 300 克，水发豆角干 100 克，青椒片、红椒片、姜片、蒜末、葱段各适量

调料 料酒、盐、白糖、味精、老抽、水淀粉、芝麻油、食用油各适量

食材处理

❶ 洗净的腊鱼斩成小件。

❷ 洗净的豆角干切段。

❸ 锅中倒入适量清水，煮沸，放入腊鱼。

❹ 拌煮大约 1 分钟，去除咸味、杂质。

❺ 捞出来沥干水分、备用。

制作指导 豆角干的浸水时间不宜过长，至变软即可捞出沥水。烹煮时，要将豆角干煮透，味道才香。

做法演示

❶ 用油起锅，倒入姜片、蒜末、葱段爆香。

❷ 倒入腊鱼炒匀，倒入料酒炒香。

❸ 倒入豆角干，翻炒一会儿。

❹ 倒入少许清水，煮沸。

❺ 加盐、白糖、味精、老抽调味，煮约 1 分钟。

❻ 倒入青红椒片。

❼ 倒入水淀粉炒匀，勾成薄芡汁。

❽ 淋入少许芝麻油拌匀。

❾ 食材煮透后盛出即成。

腊八豆香菜炒鳝鱼 ⏱制作时间 13分钟

材料 鳝鱼200克，香菜70克，腊八豆30克，姜片、蒜末、彩椒丝、红椒丝各少许

调料 生抽、豆瓣酱、料酒、盐、味精、生粉、食用油各适量

食材处理

① 将处理好的鳝鱼切块。

② 香菜切段。

③ 鳝鱼加盐、味精、料酒拌匀。

④ 撒上生粉拌匀，腌渍10分钟。

⑤ 鳝鱼氽水片刻捞出。

⑥ 热锅注油，烧至四成热，倒入鳝鱼，滑油片刻捞出。

制作指导 鳝鱼入开水中氽烫是为了去除鳝鱼身上的滑液，这样处理后烹制出来的鳝鱼更加鲜美。

做法演示

① 锅底留油，入姜片、蒜末、彩椒丝、红椒丝、腊八豆。

② 倒入鳝鱼，再加入料酒炒香。

③ 加生抽、豆瓣酱炒匀。

④ 放入香菜。

⑤ 拌炒至熟透。

⑥ 盛入盘中即可。

老干妈鳝鱼片

⏱ 制作时间 **13分钟**

材料 鳝鱼肉200克，青椒40克，红椒20克，洋葱片30克，老干妈50克，蒜末、姜片、葱白各少许

调料 盐、味精、白糖、水淀粉、料酒、生粉、食用油各适量

制作指导 鳝鱼宰杀洗净，入开水锅中汆烫，可去除鳝鱼身上的滑液，使烹制出来的鳝鱼味道更加鲜美。

做法演示

①热锅注油，烧至五成热，放入鳝鱼，滑油片刻。

②用漏勺捞出。

③锅留底油，倒入蒜末、姜片、葱白、洋葱炒香。

④再倒入红椒、青椒。

⑤下入滑过油的鳝鱼肉，淋入料酒。

⑥加入老干妈炒入味。

⑦加盐、味精、白糖调味。

⑧淋上水淀粉炒匀。

⑨盛入摆好洋葱的盘中即可。

食材处理

①将洗净的鳝鱼肉划好花刀后切片。

②洗净的青椒去籽后切成片。

③洗净的红椒剔去籽，切成小段。

④鳝鱼肉加入盐、味精，倒上料酒和生粉拌匀，腌渍10分钟。

⑤将洋葱片放入加了盐和食用油的沸水锅中焯煮片刻。

⑥用漏勺捞出，摆盘中备用。

⑦再倒入鳝鱼肉烫煮片刻。

⑧捞出沥干水分备用。

豆豉鳝鱼片

⏰ **制作时间** **14分钟**

材料 鳝鱼200克，青椒、红椒各30克，豆豉10克，蒜末、姜片、葱白各少许

调料 盐2克，味精、鸡粉各1克，生粉、白糖、蚝油、老抽、料酒、水淀粉、食用油各适量

食材处理

① 把洗净的红椒切片。

② 将青椒切片。

③ 再将宰杀好的鳝鱼切成片。

④ 鳝鱼片加料酒、盐、味精拌匀。

⑤ 撒入生粉拌匀，腌渍大约10分钟至入味。

⑥ 热锅注油烧热，倒入鳝鱼，滑油片刻后捞出。

制作指导 鳝鱼宰杀洗净后，可放入开水锅中氽烫，以洗去鳝鱼身上的滑液，这样烹制出来的鳝鱼味道更加鲜美。

做法演示

① 锅留底油，入姜片、蒜末、葱白、豆豉炒香。

② 倒入青红椒片炒匀。

③ 再倒入鳝鱼片炒匀。

④ 加入少许料酒炒至熟。

⑤ 加入盐、味精、鸡粉、白糖、蚝油、老抽调味。

⑥ 再加以少许水淀粉勾芡。

⑦ 将勾芡后的菜炒匀。

⑧ 盛入盘内即可。

香辣小龙虾

制作时间 **22分钟**

材料 小龙虾 350克，青椒片 20克，蒜末、生姜片各少许

调料 盐、辣椒酱、料酒、味精、蚝油、水淀粉、芝麻油、食用油各适量

食材处理

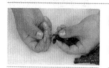

①把洗净的小龙虾抽去虾肠。

②背部切开一小口。

③锅中倒入适量清水，倒入小龙虾。

④加盖焖煮2~3分钟。

⑤小龙虾煮熟捞出。

制作指导 小龙虾在翻炒前，还可以滑一下油，这样能使小龙虾的口感更鲜脆。

做法演示

①锅洗净注油，倒入蒜末、生姜片煸香。

②再倒入小龙虾翻炒。

③倒入辣椒酱、料酒拌炒。

④倒入少许清水煮沸。

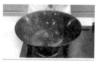

⑤加入适量盐、味精、蚝油调味。

⑥倒入青椒片翻炒熟。

⑦用水淀粉勾芡。

⑧最后淋入少许芝麻油拌匀。

⑨在锅中继续翻炒片刻至入味。

⑩用筷子夹入盘中摆好。

⑪再将锅中的青椒盛入盘中即成。

串烧基围虾

⏰ **制作时间**
13分钟

材料 基围虾200克，红椒15克，辣椒面、蒜末、葱花各少许

调料 盐3克，味精2克，食用油适量

食材处理

① 将洗净的基围虾剪去头须。

② 红椒切成粒。

③ 用竹签将基围虾穿起。

制作指导 这道菜做好后一定要趁热吃，虾皮十分酥脆，可以直接吃掉，还能补钙。如果一次吃不完，可放入冰箱保存，再次食用前，用平底锅加热即可，不用再放油。

做法演示

① 热锅注油，大火烧热，放入基围虾。

② 炸1分钟至金黄色捞出。

③ 起油锅，倒入蒜末、葱花炒香。

  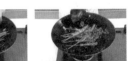

④ 再放入红椒末同炒。

⑤ 放入基围虾，倒入辣椒面翻炒均匀。

⑥ 加盐、味精翻炒均匀。

⑦ 将基围虾取出来摆盘。

⑧ 撒上锅底余料即可。

豉椒炒蛏子

⏰ 制作时间 **14分钟**

材料 蛏子300克，青、红椒各50克，豆豉15克，姜片20克，蒜末15克

调料 料酒、盐、味精、白糖、蚝油、水淀粉、食用油各适量

制作指导 烹饪蛏子前，先将蛏子放入含有少量盐分的清水中养半天，使蛏子吐净腹中的泥沙。蛏子入锅炒制的时间不宜太长，因为蛏子入锅炒制前已经氽烫过，若炒制太久，就失去了蛏子鲜嫩的口感。

食材处理

① 将青椒洗净，切片。

② 将红椒洗净，切片。

③ 锅中加入适量清水烧开，倒入蛏子。

④ 氽至断生捞出。

⑤ 再放入清水中洗净。

做法演示

① 用油起锅，倒入姜片、蒜末、豆豉炒香。

② 再倒入青红椒翻炒片刻。

③ 再倒入蛏子翻炒约2分钟直至熟透。

④ 加料酒、盐、味精、白糖、蚝油、清水翻炒入味。

⑤ 加水淀粉勾芡，将勾芡的蛏子翻炒均匀。

⑥ 盛出装盘即可。

开胃酸笋丝

⏰ 制作时间
2 天

材料 冬笋 150 克

调料 盐 25 克，白醋适量

食材处理

❶将洗净的冬笋先切薄片，然后切丝。

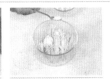

❷将冬笋丝放入碗中，加盐拌匀，腌 10 分钟。

制作指导 因为冬笋含有草酸，容易和钙结合成草酸钙，所以腌渍前也可以用淡盐水先焯水，去除大部分草酸和涩味。

做法演示

❶将腌好的冬笋丝洗净，装入玻璃罐中。

❷加适量盐。

❸再加入白醋拌均匀。

❹密封 2 天。

❺取出制作好的笋丝。

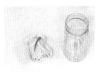

❻即可食用。

酸辣土豆丝

⏰ 制作时间 **13 分钟**

材料 土豆 200 克，辣椒、葱各少许

调料 盐 3 克，白糖、鸡粉、白醋、香油、食用油各适量

食材处理

❶土豆切丝，盛入碗中加入清水浸泡。

❷红辣椒切丝。

❸葱切段。

制作指导 土豆切丝后，用清水浸泡一段时间，炒制后口感更加爽脆。

做法演示

❶热锅注油，倒入土豆丝、葱白翻炒片刻。

❷加入适量的盐、白糖、鸡粉调味。

❸炒约 1 分钟后倒入适量白醋拌炒匀。

❹倒入辣椒丝、葱叶拌炒匀。

❺淋入少许香油。

❻出锅装盘即可食用。

农家小炒芥蓝

⏰ 制作时间 **12分钟**

材料 芥蓝200克，蒜末、姜片、葱白、胡萝卜片各少许

调料 盐2克，味精1克，料酒、蚝油、水淀粉各适量，食用油30毫升

制作指导 因为芥蓝梗粗，不易熟透，炒时可多加些水，炒的时间可长一些。

食材处理

❶将洗净的芥蓝切段。

❷锅中注水烧开，加食用油，倒入芥蓝拌匀。

❸煮约1分钟，捞出备用。

❹倒入胡萝卜片。

❺煮大约1分钟，捞出备用。

做法演示

❶用锅起油，倒入姜片、蒜末、葱白爆香。

❷倒入芥蓝、胡萝卜炒约1分钟至熟。

❸加入料酒、盐、味精、蚝油炒至入味。

❹加入少许水淀粉勾芡。

❺加入少许熟油炒匀。

❻盛入盘内即可食用。

豆豉蒜末莴笋片

⏰ 制作时间 **13 分钟**

材料 莴笋 200 克，红椒 40 克，蒜末 15 克，豆豉 30 克

调料 盐、味精、水淀粉、食用油各少许

食材处理

① 将已去皮洗净的莴笋切成片。

② 锅中注水烧开，加入盐、油拌匀。放入莴笋。

③ 煮沸后捞出莴笋片。

制作指导 莴笋片焯水时一定要注意时间和温度，焯的时间过长、温度过高会使莴笋片绵软，失去清脆的口感。

做法演示

① 锅注油烧热，倒入蒜末、豆豉、爆香。

② 锅里倒入莴笋片炒。

③ 再倒入红椒，加入盐、味精，炒匀。

④ 加入少许水淀粉勾芡。

⑤ 再淋入少许熟油拌匀。

⑥ 盛入盘内即可食用。

手撕包菜

制作时间 **13** 分钟

材料 包菜 300 克，蒜末 15 克，干辣椒少许

调料 盐 3 克，味精 2 克，鸡粉、食用油各适量

食材处理

①将已去皮洗净的莴笋切成片。

制作指导 烹饪此菜肴时，可适量加入一些花椒，如果不喜欢吃到整粒的花椒，可以在花椒炸出香味后将其挑出，再烹饪。

做法演示

①热锅内注油，烧热后倒入蒜末爆香。

②再倒入洗好的干辣椒炒香。

③倒入包菜，翻炒均匀。

④淋入少许清水，继续炒 1 分钟至熟软。

⑤再加入盐、鸡粉、味精。

⑦盛入盘中。

⑧摆好盘即成。

⑥翻炒至入味。

辣椒炒萝卜干

⏰ 制作时间 **13分钟**

材料 萝卜干300克，干辣椒2克，蒜末、葱段各少许

调料 盐3克，味精3克，鸡粉3克，芝麻油、食用油、辣椒酱、豆瓣酱各适量

食材处理

① 把洗净的萝卜干切成丁。

② 锅中加清水烧开，倒入萝卜干煮约1分钟。

③ 将煮好的萝卜干捞出。

制作指导 烹饪此菜，萝卜干不要选用盐腌过的，最好选用直接晒干水分的萝卜干。另外，煮萝卜干的时间不可太长，以免影响其爽脆口感。

做法演示

① 用油起锅，倒入蒜末、干辣椒爆香。

② 倒入萝卜干，炒约1分钟。

③ 加入少许盐、味精、鸡粉。

④ 再加入适量辣椒酱、豆瓣酱炒匀调味。

⑤ 倒入葱段炒匀。

⑥ 加少许芝麻油炒匀。

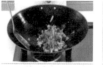

⑦ 继续翻炒匀至入味。

⑧ 盛出装盘即可食用。

煎苦瓜

⏰ 制作时间 **14分钟**

材料 苦瓜450克，红椒圈10克

调料 食粉、盐、白糖、生抽、食用油各适量

制作指导 将苦瓜片放入盐水中浸泡片刻，可以减轻苦瓜的苦味。

食材处理

❶苦瓜洗净，切四等分长条，去除瓜瓤。

❷锅注水烧开，加少许食粉，放入切好的苦瓜。

❸加盖，焯煮约2分钟至熟。

❹揭盖，捞出苦瓜，过凉水。

❺将焯熟的苦瓜切成片，装盘，备用。

❻锅中注入少许食用油，烧热。

做法演示

❶放入苦瓜片。

❷煎约2分钟至焦香。

❸加入适量盐、白糖。

❹拌炒均匀。

❺将煎好的苦瓜片盛出。

❻放上红椒圈，再浇入少许生抽即成。

香炒蕨菜

⏰ 制作时间
12 分钟

材料 蕨菜 300 克，蒜苗段 30 克，干辣椒 10 克，蒜末、葱白各少许

调料 盐 5 克，味精、蚝油、水淀粉各适量

食材处理

①把洗净的蕨菜切段。

②锅中注水烧开后加入适量盐，再倒入蕨菜。

③约煮 2 分钟入味后捞出蕨菜。

制作指导 焯烫后的蕨菜，可放入凉水中浸泡半小时以上再炒制，这样不仅能彻底去除蕨菜表面的黏质和土腥味，还可使蕨菜的口感滑润爽口。

做法演示

①热锅注油，入蒜末、葱白和洗好的干辣椒爆香。

②倒入蕨菜、蒜苗炒匀。

③再加入盐、味精、蚝油炒片刻。

④加少许水淀粉勾芡。

⑤将勾芡后的菜炒匀。

⑥盛入盘内即可食用。

蒜苗炒烟笋

⏰ 制作时间
14分钟

材料 青蒜苗100克，红椒20克，袋装熟烟笋100克，干辣椒10克

调料 盐3克，味精2克，鸡粉、水淀粉、辣椒油各少许，食用油适量

食材处理

❶将洗净的红椒切片。

❷将择洗干净的青蒜苗切段。

制作指导 青蒜苗入锅烹制的时间不宜过长，反之会破坏辣素，降低杀菌作用。

做法演示

❶热锅注油，倒入洗好的干辣椒和红椒爆香。

❷倒入蒜梗翻炒均匀。

❸再倒入烟笋翻炒片刻。

❹加入辣椒油炒1分钟至熟。

❺加入盐、味精、鸡粉调味。

❻倒入剩余的蒜苗炒匀。

❼加入少许水淀粉勾芡。

❽将勾芡后的菜炒匀。

❾盛入盘内即可食用。

豆角茄子

⏱ 制作时间 **12分钟**

材料 茄子150克，豆角100克，干辣椒、蒜末各少许

调料 盐2克，白糖、味精各1克，鸡粉、食用油各适量

食材处理

①将去皮洗净的茄子切成条。

②将洗净的豆角切成约4厘米长的段。

③炒锅注油，烧至五成热，倒入茄子炸1分钟。

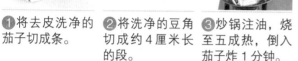

④炸片刻至熟透，捞出备用。

⑤放入豆角炸约1分钟至熟后捞出备用。

⑥将炸好的茄子、豆角装入盘中备用。

制作指导 茄子中所含酸性物质遇氧气会变黑，切开后的茄子可放入清水中浸泡，待用时再取出，这样可保持原色。

做法演示

①锅注油烧热，倒入蒜末、洗好的干辣椒爆香。

②倒入炸熟的茄子、豆角。

③加入盐、白糖、味精、鸡粉。

④拌炒至入味。

⑤盛出炒好的豆角茄子即成。

金银蒜蒸丝瓜

制作时间 14分钟

材料 丝瓜150克，葱叶5克，蒜末50克，鲜辣椒末、大蒜各少许

调料 盐3克，味精、生抽、水淀粉各少许，食用油适量

制作指导 丝瓜味道清甜，烹制丝瓜时应注意尽量保持清淡，不宜加老抽、豆瓣酱等口味较重的酱料，以免抢味。

食材处理

①丝瓜去皮后切棋子段，装盘备用。

②把洗净的葱切成葱花，大蒜切蓉。

③锅内注油，倒入蒜末，煎至金黄色捞出。

做法演示

①将丝瓜转到蒸锅中。

②加盖，大火蒸约3分钟至熟。

③取出被蒸熟的丝瓜。

④碗中入蒜蓉、盐、味精、生抽、熟油蒜末、水淀粉拌匀。

⑤用小勺将蒜香油浇于每个丝瓜段上。

⑥撒入鲜辣椒末。

④撒入葱花。

⑤锅中倒入少许食用油烧热，浇在丝瓜上即成。

剁椒蒸芋头

⏰ 制作时间 **25 分钟**

材料 芋头 300 克，剁椒 50 克，葱花少许

调料 白糖 5 克，鸡粉 3 克，生粉、食用油各适量

食材处理

①把去皮洗净的芋头对半切开，装入盘中备用。

②剁椒加白糖、鸡粉、生粉、食用油拌匀。

③在芋头上浇上调好味的剁椒。

制作指导 芋头一定要蒸熟，否则其中的黏液会刺激咽喉。

做法演示

①蒸锅置大火上，放入芋头。

②加盖，用中火蒸 20 分钟。

③揭盖，将蒸熟的芋头取出。

④撒上葱花。

⑤浇上熟油即可食用。

青椒炒豆豉

制作时间
13分钟

材料 青椒70克，红椒15克，豆豉10克，蒜末少许

调料 盐3克，味精3克，白糖3克，豆瓣酱、水淀粉、食用油各适量

食材处理

①青椒洗净，去蒂，切成条。 ②红椒洗净切圈。

制作指导 青椒炒制时间不宜过长，用大火快速翻炒，以免破坏其营养成分。

做法演示

①锅内加入油，倒入蒜末、豆豉爆香。 ②倒入青、红椒炒匀，加盐、味精、白糖。 ③再加入适量豆瓣酱调味。

④加水淀粉勾芡。 ⑤加少许热油炒匀。 ⑥盛出装盘即可食用。

豆豉辣炒年糕

⏰ 制作时间 16 分钟

材料 豆豉 30 克，年糕 200 克，油菜 50 克，姜片、蒜末、红椒圈各少许

调料 辣椒酱 35 克，盐、味精、鸡粉、食用油各适量

制作指导 若买回的年糕切得很厚，那最好将其改切成 1 厘米左右的薄片，再放入热油锅中稍微炸一下再来烹制，能使年糕更入味。

食材处理

① 锅中加水烧开，加食用油，倒入洗净的年糕。

② 煮 3 分钟，待年糕煮软。

③ 捞出沥干，盛入盘中备用。

④ 锅中再加少许盐，倒入洗净的油菜拌匀。

⑤ 煮熟后捞出。

⑥ 摆在盘中。

做法演示

① 起油锅，入姜片、蒜末、红椒圈、豆豉炒香。

② 倒入年糕，加少许清水炒匀。

③ 倒入辣椒酱，炒至入味。

④ 加盐、味精、鸡粉调味。

⑤ 再淋上少许水炒匀。

⑥ 盛出装盘即可食用。

农家茶香干

⏰ 制作时间 **13分钟**

材料 茶香干500克，五花肉500克，青椒20克，姜片、蒜末、葱白各少许

调料 蚝油3克，盐4克，味精2克，白糖3克，食用油、料酒、老抽、豆瓣酱、水淀粉各适量

制作指导 制作此菜肴时，选用的五花肉不可太瘦，以免口感生硬；配菜尽量不选择出水的蔬菜，以避免冲淡此菜的味道；另外，豆瓣酱不要放得过多，否则味道会过咸。

食材处理

❶将洗净的香干切成片。

❷洗净的青椒切段，去除籽，改切成条。

❸洗净的五花肉切成片。

❹油锅烧至五成热，倒入香干，中火滑油至金黄色。

❺捞出滑好油的香干备用。

做法演示

❶锅底留油，倒入五花肉，煸炒至出油。

❷加入少许老抽炒匀，再加入少许料酒炒香。

❸倒入姜片、葱白、蒜末炒匀。

❹倒入香干炒匀。

❺再加入蚝油、盐、味精、白糖、豆瓣酱。

❻倒入青椒，拌炒1分钟至入味。

❼加入少许水淀粉勾芡。

❽在锅中继续翻炒片刻。

❾盛出装盘即可食用。

剁椒煎豆腐

⏰ 制作时间 **13 分钟**

材料 豆腐 250 克，剁椒 45 克，葱花少许

调料 蚝油、盐、味精、食用油各适量

食材处理

① 将洗净的豆腐切片，切成条状。

制作指导 豆腐在煎之前可先用盐水浸泡片刻，这样煎出来的豆腐不易散掉。

做法演示

① 用油起锅，放入豆腐块。

② 加入少许盐。

③ 煎至两面都呈金黄色。

④ 倒入剁椒，加适量清水。

⑤ 放蚝油、盐、味精拌匀煮至入味。

⑥ 撒上葱花进行翻炒。

⑦ 盛出装盘即可食用。

剁椒蒸香干

⏰ 制作时间
16分钟

材料 香干350克，剁椒70克，葱花少许

调料 鸡粉3克，白糖3克，芝麻油2毫升，生粉、食用油各适量

食材处理

①将洗净的香干斜刀切片，装入盘中备用。

②剁椒加鸡粉、白糖。

③再加入生粉、芝麻油拌匀。

④再加入少许食用油。

⑤用筷子拌匀。

⑥将拌好的剁椒铺在香干上。

制作指导 剁椒本身就很咸，一般不加盐，口味重的可以再加少许盐。

做法演示

①把香干放入蒸锅内。

②盖上锅盖，大火蒸约5分钟至熟透。

③揭盖，将蒸熟的香干取出。

④再撒上备好的葱花。

⑤浇上少许熟油即可。

芙蓉米豆腐

⏱ **制作时间**
15 分钟

材料 皮蛋 1 个，肉末 20 克，米豆腐 300 克，红辣椒 15 克，白芝麻、葱花各少许

调料 盐、鸡粉、味精、料酒、生抽、豆瓣酱、水淀粉、食用油各适量

食材处理

①皮蛋剥去壳，切成粒。

②洗净的红辣椒去籽，切成粒。

③再把洗好的米豆腐切成块。

制作指导 米豆腐入锅后，不宜频繁翻动，以免铲碎，影响成品美观。

做法演示

①热锅内注油，倒入肉末，炒至发白。

②加少许料酒和生抽拌炒匀。

③倒入适量清水煮开。

④加红辣椒粒和豆瓣酱，拌匀。

⑤倒入皮蛋煮沸。

⑥加盐、鸡粉、味精调味。

⑦倒入米豆腐。

⑧大火拌煮 2~3 分钟至充分入味。

⑨加入少许水淀粉勾芡。

⑩淋入熟油拌匀。

⑪盛入盘内。

⑫撒入白芝麻和葱花即成。

第3部分
267 道
好吃易做的
家常湘菜

近年来，越来越多的人了解到湘菜的魅力，以湘菜为主的饭店也在全国范围异军突起，呈现出遍地开花的强劲发展势头。湘菜品种繁多，门类齐全，既讲究实惠的筵席菜式，也有富有乡土风味的民间菜式及经济方便的大众菜式。

本章选取了生活中常见的、汇聚了湘菜美食精华的材料，精选出广为流传并适合家庭制作的湘菜食谱，共264道。

玉米粒煎肉饼

⏰ **制作时间 30分钟**

材料 猪肉 500 克，玉米粒 200 克，青豆 100 克

调料 盐 3 克，鸡精 2 克，水淀粉适量

做法

① 猪肉洗净，剁成蓉；玉米粒洗净备用；青豆洗净备用。

② 将猪肉与水淀粉、玉米、青豆混合均匀，加盐、鸡精，搅匀后做成饼状。

③ 锅下油烧热，将肉饼放入锅中，用中火煎炸至熟，捞出控油摆盘即可。

小提示

也可将玉米切碎，口感更好。

农家小炒肉

⏰ 制作时间 **20分钟**

材料 猪肉300克，红椒200克，青椒100克

调料 盐、蒜、鸡精、料酒、酱油各适量

做法

① 猪肉洗净，切块；青椒、红椒洗净，切条；蒜去皮洗净，切片。

② 热锅入油，放蒜爆香，放肉片炒至出油，烹入料酒、酱油。

③ 再放入青椒、红椒翻炒片刻，放入盐、鸡精调味，翻炒入味即可。

香酥出缸肉

⏰ 制作时间 **10天**

材料 五花肉500克，干辣椒50克

调料 芝麻、花生、盐、老抽、姜片、香油各适量

做法

① 五花肉洗净，揉搓略炒过的盐，晾晒3天，蒸20分钟，晾冷放入撒有盐的缸中密封腌渍1周，即可出缸洗净切片。

② 锅烧热，放入姜片、干辣椒、出缸肉翻炒，再放入芝麻、花生炒香。炒至熟后，加盐、老抽调味，撒入香油即可。

尖椒炒削骨肉

⏰ 制作时间 **22分钟**

材料 猪头肉1块，青椒、红椒碎，蒜苗段各10克

调料 盐4克，味精2克，酱油5克，姜片15克

做法

① 猪头肉煮熟烂，剔骨取肉切下后，放入油锅里滑散备用。

② 锅上火，油烧热，放入青椒、红椒碎，姜片炒香，加入削骨肉，调入调味料，放入蒜苗段，炒匀入味即成。

金牌小炒肉

制作时间
23分钟

材料 猪肉200克，豌豆200克，红椒圈10克

调料 盐、葱段、面粉各10克

做法

① 豌豆洗净切段；面粉用水调匀；猪肉洗净切块，裹面粉。

② 热锅入油，肉块炸至金黄色，捞出沥油。锅留油，放入红椒圈、大葱炒香，放入豌豆、肉块，调盐炒至熟，撒上葱花。

橘色小炒肉

制作时间
25分钟

材料 猪肉300克，青椒、红椒、黑木耳100克

调料 盐3克，鸡精2克，酱油、水淀粉各适量

做法

① 猪肉洗净，切成小片；青椒、红椒均去蒂洗净，斜刀切圈；黑木耳泡发洗净，切片。

② 锅下油烧热，放入猪肉滑炒，至肉色变白，放入青椒、红椒、黑木耳，调入盐、鸡精、酱油炒匀，待熟时，用水淀粉勾芡，起锅装盘即可。

豆角炒肉末

制作时间
18分钟

材料 酸豆角300克，肉末150克

调料 葱、蒜、盐、花椒油、干椒、姜各少许

做法

① 将酸豆角洗净切碎；葱洗净切花；姜、蒜洗净切末；干椒切段。

② 锅置火上，加油烧热，下入干椒段炒香后，加入肉末稍炒。

③ 再加入酸豆角和剩余调味料炒匀即可。

莲花糯米骨

⏱ 制作时间
13 小时

材料 排骨 500 克，南瓜 500 克，糯米 500 克，樱桃 50 克

调料 料酒、叉烧酱、生抽各适量

做法

① 用料酒、叉烧酱和生抽将排骨腌渍一晚；南瓜洗净切成块状。

② 将腌好的排骨用糯米包裹，外面用切好的南瓜围住放入盘中。

③ 将盘放入蒸笼，蒸 1 个小时左右出锅，在其上放上樱桃点缀即可。

土匪肉

制作时间 **23 分钟**

材料 五花肉 500 克

调料 盐、白芝麻各 3 克，葱、糖各 5 克，酱油、水淀粉、卤水各适量，干辣椒 150 克

做法

1 所有原材料治净。

2 锅内加水烧热，放入五花肉汆水，捞出沥干，再将五花肉放入卤水中卤熟，取出切块。锅下油烧热，下干辣椒爆香盛入砂锅底。另起锅下油，放白芝麻、盐、糖、酱油、水淀粉，做成味汁，淋在五花肉上，再撒上葱花即可。

蒸三角肉

制作时间 **28 分钟**

材料 带皮五花肉 1000 克，梅菜 105 克

调料 香菜段、盐、甜酒酿、酱油各少许

做法

1 五花肉洗净，入锅煮熟后，抹上盐、甜酒酿和酱油，再入油锅中炸至肉皮呈金黄色。

2 将炸好的肉入锅煮至回软后，捞出切三角块，装入碗中。

3 梅菜洗净，剁碎，装在肉块上，上锅蒸熟，取出撒上香菜即可。

私房钵钵肉

⏰ 制作时间
70 分钟

材料 五花肉 500 克

调料 盐 3 克，鸡精 3 克，酱油、醋、水淀粉各适量

做法

❶ 五花肉洗净备用；锅内加水，调入盐、酱油，放入五花肉卤熟，捞出沥干切片摆盘。

❷ 锅下油烧热，调入盐、鸡精、酱油、醋、水淀粉，做成味汁，均匀地淋在五花肉上即可。

小提示

卤五花肉时，多加点酱油，成色会更好。

▍湘味莲子扣肉

⏰ 制作时间 **30 分钟**

材料 五花肉 800 克，莲子 400 克

调料 盐、葱、料酒、辣椒油、鲍鱼汁各适量

做法

① 莲子泡发，去心；五花肉洗净，放入加有盐、料酒的锅中煮好，捞出，切薄片。

② 五花肉片包入 2 颗莲子，以葱捆绑定型，肉皮向下装入碗内。

③ 淋上辣椒油，上锅蒸熟，再反扣在碗中，淋鲍鱼汁即可。

▍毛氏红烧肉

⏰ 制作时间 **23 分钟**

材料 带皮的五花肉 500 克

调料 八角、桂皮、冰糖、豆豉、葱头、干辣椒、生姜、蒜、盐、老抽、腐乳汁各适量

做法

① 五花肉加水煮沸，捞出洗净，滤干，切方块，与八角、桂皮、冰糖放碗中，上笼蒸至八成熟。

② 炒锅加油烧热，将肉放入锅内，小火炸成焦黄色时捞出，控干油。锅内烧油，分别下入豆豉、葱头、生姜、八角、桂皮、干辣椒炒香，然后下入肉块，加入肉汤，下盐、冰糖、老抽、腐乳汁用小火慢慢煨 1 个小时。煮至肉酥烂时，下蒜稍煨，收汁即可出锅。

毛家红烧肉

⏰ 制作时间
140 分钟

材料 猪肉 300 克，蒜苗 15 克

调料 盐 5 克，味精 3 克，老抽 15 克，姜、蒜各适量，干辣椒 20 克

做法

❶ 将猪肉洗净切方形块；蒜苗洗净切段；姜洗净切片；蒜去皮。

❷ 将猪肉块下入锅中炒出油，加入盐、味精、老抽，下入干辣椒、姜片、蒜和适量清水煮开。

❸ 再倒入煲中炖 2 小时收汁，放入蒜苗调味即可。

东坡肉

⏰ 制作时间
130 分钟

材料 五花肉 1500 克

调料 白糖、绍酒、酱油、姜块、葱各适量

做法

❶ 将猪肉洗净放入沸水锅中汆 3 ~ 5 分钟，煮出血水，捞出切成 20 个小方块。

❷ 取大砂锅 1 只，用小竹架垫底，铺上葱、姜块，将猪肉皮朝下排放在葱、姜上，加入白糖、绍酒、酱油和水。

❸ 加盖用旺火烧沸，转小火焖 2 小时，至酥熟，将肉分装入小陶罐中，用旺火蒸半小时即可。

梅菜扣肉

⏰ **制作时间 25分钟**

材料 梅菜50克，五花肉500克

调料 盐4克，味精4克，蚝油15克，鸡精4克，酱油50克，白糖10克

做法

① 梅菜洗净剁碎，入油锅中，放盐炒香备用。

② 五花肉放入锅中煮熟，拌入酱油，捞出沥水，放入油锅中炸成虎皮状，取出，切片。

③ 将切成片的肉以皮朝里，肉朝上，整齐码入大碗中，调入盐、味精、鸡精、酱油、蚝油、白糖，放上梅菜，入蒸锅蒸熟后，取出，扣入盘中即可。

粽香豆腐丸

⏱制作时间 **80分钟**

材料 粽叶、糯米、五花肉、豆腐各适量

调料 盐3克,味精3克

做法

①粽叶泡发;五花肉洗净剁碎;豆腐洗净捏碎。

②豆腐与肉加调味料拌匀,均匀地裹上糯米,再用粽叶包成糯米球。

③入蒸锅蒸40分钟即可。

木桶香干

⏱制作时间 **22分钟**

材料 香干300克,芹菜80克,五花肉50克

调料 盐3克,味精5克,黄油15克,姜米、蒜米、青椒、红椒各适量

做法

①五花肉洗净切片;香干洗净切片;芹菜洗净切段。

②五花肉在锅中煸出香味。

③下入姜米、蒜米、香干、芹菜及其他调味料炒至入味即可。

荷叶粉蒸肉

⏰ 制作时间 **30分钟**

材料 五花肉500克，糯米、荷叶各适量

调料 白糖、酱油、盐各适量

做法

① 五花肉洗净，切片；糯米洗净，浸泡至软，入锅煮熟。

② 将五花肉、糯米、白糖、酱油、盐拌匀，用洗净的荷叶包好。

③ 放入盘中，入锅蒸熟。

蒜苗炒削骨肉

⏰ 制作时间 **23分钟**

材料 猪头肉1块，青椒、红椒圈20克，蒜苗段10克

调料 盐4克，味精2克，酱油5克，姜末15克

做法

① 将猪头肉洗净煮熟烂，剔骨取肉切下，入油锅里滑散。

② 炒锅加油烧至七成热，下入肉丁翻炒，再加青椒、红椒圈，盐、味精、酱油、姜末、蒜苗段炒入味起锅装盘即可。

包菜粉丝

⏰ 制作时间 **25分钟**

材料 包菜300克，粉丝100克，五花肉100克

调料 盐、花椒、干辣椒段、醋、酱油各适量

做法

① 包菜洗净切丝；五花肉洗净切片。

② 水烧开，放入粉丝煮5分钟，捞出沥干。

③ 锅下油烧热，下花椒、干辣椒爆香，放五花肉煎至出油，放入包菜翻炒。

④ 调入盐、酱油、醋，放入粉丝炒匀，待熟起锅装盘即可。

仔姜炒肉丝

制作时间 **22 分钟**

材料 猪肉 150 克，红尖椒 1 个，仔姜 200 克

调料 盐 5 克，黄酒 6 克，醋 5 克，指天椒 30 克，葱白 1 段

做法

① 猪肉、仔姜、红尖椒（去籽）、指天椒、葱白均洗净切丝。

② 猪肉略用黄酒、盐腌片刻；将油烧到八成热，下姜丝煸香。

③ 再把肉丝、辣椒丝、指天椒、葱丝一齐倒入煸炒，放少许黄酒、盐，起锅时滴点醋即可。

红椒酿肉

制作时间 **35 分钟**

材料 泡鲜红椒 500 克，猪肉末 300 克，虾米 15 克，鸡蛋 1 个

调料 盐 5 克，味精 3 克，淀粉适量，蒜瓣 50 克

做法

① 虾米洗净剁碎，加肉末、鸡蛋、味精、盐、淀粉调成馅。

② 泡红椒在蒂部切口去瓤，填入肉馅，用湿淀粉封口，炸至八成熟捞出。

③ 泡椒码入碗内，撒上蒜瓣上笼蒸透，原汁加盐、味精勾芡淋在红椒上即成。

酱肉小豆芽

⏰ 制作时间 **20 分钟**

材料 小豆芽 150 克，带皮猪肉、西红柿各 50 克

调料 盐、酱油、白糖、辣椒酱、蒜末各少许

做法

① 小豆芽洗净；西红柿去蒂，洗净，切成丁；带皮猪肉洗净，切丁。

② 加热锅中油，下蒜末炒香，放进肉丁稍炒，放进小豆芽，加入盐、酱油、白糖、辣椒酱，再加入少量水，煮至汁变浓。

③ 放进西红柿丁翻炒至熟，盛起即可。

五花肉焖豆腐

⏰ 制作时间 **35 分钟**

材料 豆腐 150 克，五花肉、红椒各适量

调料 盐、酱油、蒜末、味精、蒜苗段、豆瓣酱、葱段各适量

做法

① 所有原材料治净，豆腐、五花肉切片。

② 油锅烧热，放入豆腐片煎至两面脆黄，起锅盛碗中。余油爆香蒜末，将肉片加入煸炒至变白，加少许酱油着色，再加入红椒、蒜苗翻炒 2 分钟；最后将煎好的豆腐倒入锅中，加各调味料调好味，加少许水焖熟，撒葱段，装碗即可。

干锅萝卜片

⏰ 制作时间 **25分钟**

材料 白萝卜300克，五花肉200克，辣椒1个

调料 老干妈豆豉2克，料酒3克，香油10克，盐4克，指天椒10克，姜8克

做法

❶ 白萝卜洗净切片、焯水；五花肉洗净切片；姜洗净切末。

❷ 起油锅，五花肉炒香，下老干妈豆豉、辣椒、指天椒、姜末烧出色，调入料酒。

❸ 下萝卜片稍炒，掺入汤水，旺火烧至色红亮，调入盐，淋上香油，装入铁锅，上酒精炉。

香干炒肉

⏰ 制作时间 **17 分钟**

材料 猪肉 200 克，香干 100 克，辣椒 1 个
调料 盐 6 克，味精 5 克

做法

① 香干洗净切成条；瘦肉洗净切成片；辣椒洗净切丝。

② 锅中加油烧热，下入肉片炒至变色。

③ 再放入香干、辣椒丝翻炒至熟，调入盐、味精即可。

辣椒炒油渣

⏰ 制作时间 **20 分钟**

材料 猪肉 400 克，红椒 2 个，豆豉 10 克，蒜苗 10 克
调料 姜 8 克，蒜 8 克，盐 4 克，味精 2 克，鸡精 2 克，陈醋 10 克

做法

① 将红椒洗净去蒂去籽后切碎；蒜苗洗净切段备用。

② 肉洗净切成片后，放入锅中，炸出油至干，去油即为油渣。

③ 锅上火，炒香红椒碎、豆豉，放入油渣，调入调味料，放入蒜苗炒入味即可。

白菜梗炒肉

⏰ 制作时间
17 分钟

材料 白菜梗 200 克，猪肉 150 克

调料 葱 10 克，盐 3 克，红椒、酱油、醋各适量

做法

① 白菜梗洗净，切条；猪肉洗净，切条；红椒去蒂洗净，切条；葱洗净，切段。

② 起油锅，放入猪肉炒至出油后，再放入白菜梗、红椒同炒，加盐、酱油、醋调味。

③ 快熟时，放入葱段略炒，起锅装盘即可。

老干妈小炒肉

⏰ 制作时间
15 分钟

材料 瘦肉、青椒、红椒适量

调料 盐、酱油、五香粉、胡椒粉、蒜末、老干妈辣椒酱各适量

做法

① 瘦肉洗净切片；青椒、红椒均洗净斜切圈。

② 加热锅中油，下蒜末炒香，放入肉片，下老干妈辣椒酱，炒至五分熟。

③ 放入青椒、红椒，加进盐、酱油、五香粉、胡椒粉，大火炒至肉片熟，盛起即可。

干煸肉丝

⏰ 制作时间
23 分钟

材料 瘦肉 300 克，芹菜 100 克

调料 盐、花雕酒、豆瓣酱、蒜、干辣椒、花椒、葱、姜各适量

做法

① 瘦肉洗净切成丝；芹菜洗净切成段；干辣椒切段；蒜、姜、葱洗净切末。

② 锅置火上，加油烧热，下入肉丝炸干水分后，捞出。原锅留油，下入豆瓣酱、姜、蒜炒香，再下入肉、芹菜及其他调味料炒至入味即可。

干豆角炒腊肉 ⏰制作时间 20分钟

材料 腊肉 200 克，干豆角少许

调料 盐 5 克，味精 3 克，干椒、姜少许

做法

① 将腊肉洗净切成薄片；干豆角泡发后切段；干椒洗净切成小段；姜洗净切片。

② 锅中加油烧热，放姜片爆香，下入腊肉片炒至出油。

③ 再加入干豆角、干椒炒熟，调入调味料即可。

煮油豆腐 ⏰制作时间 25分钟

材料 猪头 1 个，青椒 50 克，油豆腐 100 克

调料 盐 4 克，味精 2 克，蚝油 10 克，酱油 5 克

做法

① 将猪头放入水中煮熟，捞出，晾凉后，削下肉切成片状备用。

② 青椒洗净去蒂、去籽，切成丝备用。

③ 锅上火，加入油烧热，放入青椒丝炒香，加入削骨肉、油豆腐，调入所有调味料炒匀，加入少许水，烧熟入味即成。

咸肉蒸臭豆腐
制作时间 **20分钟**

材料 咸肉200克，臭豆腐150克，剁椒100克

调料 盐、糖、红油、酱油、葱丝、蒜末各适量

做法

① 臭豆腐洗净，切块后铺在盘底；咸肉洗净，切成薄片后摆盘，加入剁椒。

② 将臭豆腐、咸肉放入蒸锅中蒸10分钟，取出。

③ 用盐、糖、红油、酱油、蒜末调成味汁，淋入盘中，最后撒上葱丝即可。

干锅烟笋焖腊肉
制作时间 **23分钟**

材料 腊肉300克，烟笋150克，芹菜50克

调料 盐2克，红椒圈、香油、红油各少许

做法

① 将腊肉洗净，切片；烟笋洗净，切小片；芹菜洗净切小段。

② 炒锅注油烧热，下入红椒爆炒，倒入腊肉煸炒出油，加入烟笋和芹菜同炒至熟。

③ 加入水、盐、香油、红油焖入味，起锅倒在干锅中即可。

干锅腊肉茶树菇

制作时间
17 分钟

材料 腊肉 400 克，茶树菇 200 克

调料 青椒 30 克，红椒 30 克，鸡精适量，蒜 15 克，盐适量

做法

1 腊肉洗净，入蒸锅蒸熟，取出切片；茶树菇洗净，切片；青椒、红椒洗净切圈；蒜去皮洗净。

2 炒锅注油烧热，放入腊肉煸炒至八成熟，加入茶树菇同炒，再放入青椒、红椒、蒜炒至入味。

3 调入盐、鸡精调味，起锅倒在干锅上即可。

乡村腊肉

⏰ 制作时间 **20分钟**

材料 腊肉、荷兰豆各200克，青椒、红椒各1个

调料 盐3克，味精5克

做法

① 将腊肉洗净，煮熟切片；荷兰豆去筋洗净；青椒、红椒洗净切片。

② 净锅上火，荷兰豆汆烫至熟，底锅上油，腊肉、荷兰豆、青椒、红椒过油取出。净锅放油，放入腊肉、荷兰豆、青椒、红椒，加盐、味精炒入味，装盘即可。

湘蒸腊肉

⏰ 制作时间 **25分钟**

材料 腊肉300克

调料 盐、醋、葱、干辣椒、热油、豆豉各适量

做法

① 腊肉洗净蒸熟，切片摆盘；干辣椒洗净切段；豆豉切碎；葱洗净，切段。

② 热锅下油，下入干辣椒、豆豉炒香，再调入盐、醋炒匀，与热油一起均匀倒在腊肉上，撒上葱即可。

腊笋炒熏肉

⏰ 制作时间 **17分钟**

材料 干笋100克，腊肉500克，红辣椒10克

调料 盐、鸡精、料酒、老抽各适量

做法

① 将腊肉切条，在热水中煮至呈半透明的状态。

② 干笋洗净，切片；红辣椒洗净切丝。

③ 在锅中热油，煸笋片，放腊肉同炒，加红辣椒丝、盐、老抽、料酒、鸡精炒熟即可。

老干妈淋猪肝 ⏰ 制作时间 17 分钟

材料 卤猪肝 250 克

调料 葱、盐、酱油、红油、老干妈豆豉酱、红椒各适量

做法

① 卤猪肝洗净，切成片，用开水烫熟；红椒洗净，切段；葱洗净，切花。

② 油锅烧热，入红椒爆香，入老干妈豆豉酱、酱油、红油、盐制成味汁。

③ 将味汁淋在猪肝上，撒上葱花即可。

风吹猪肝 ⏰ 制作时间 20 分钟

材料 湘西风干猪肝 1 个

调料 盐、味精、鸡精、红油、蚝油、蒜苗各适量，干辣椒 10 克

做法

① 将风干的猪肝切成片；干辣椒洗净切段；蒜苗择洗净切小段，备用。

② 锅上火，加入适量清水烧沸，放入猪肝片稍烫，捞出沥干水分。

③ 锅上火，油烧热，放入猪肝稍炒，加入干辣椒、蒜苗炒香，调入调味料，炒匀入味即可。

芹菜炒肚丝

⏰ 制作时间
15分钟

材料 猪肚200克，芹菜段50克，红椒丝20克

调料 老干妈辣椒酱、料酒、盐、酱油、五香粉、胡椒粉、姜末、蒜末各少许

做法

① 将猪肚洗净，煮熟，捞起，切丝。

② 加热锅中油，下姜末、蒜末炒香，放入猪肚，下料酒、老干妈辣椒酱，翻炒片刻。

③ 放入芹菜、红椒丝，加进盐、酱油、五香粉、胡椒粉，大火翻炒5分钟，盛起。

青红椒脆肚

⏰ 制作时间
17分钟

材料 猪肚200克，青椒、红椒、蒜薹各30克

调料 盐、酱油、辣椒油、姜末、蒜末各适量

做法

① 将猪肚洗净，煮熟，切丝；将蒜薹洗净，切段；将青椒、红椒分别洗净，切圈。

② 加热锅中油，下姜末、蒜末炒香，放入蒜薹、青椒、红椒稍炒。

③ 放入猪肚，加进盐、酱油、辣椒油，加入少量水焖至香味飘起，盛起即可。

泡椒猪肚

⏰ 制作时间
15分钟

材料 猪肚1个，泡椒、红椒、蒜薹各10克

调料 盐、陈醋、酱油、蚝油、水淀粉各15克，姜10克

做法

① 猪肚洗净切件；将泡椒切碎；红椒洗净切碎；蒜薹洗净切米；姜去皮切米备用。

② 锅上火，油烧热，放入泡椒碎，红椒碎，蒜薹米、姜米炒香，放入猪肚，调入调味料，炒匀入味，用淀粉勾芡即可。

石碗响肚

⏰ 制作时间
30 分钟

材料 猪肚 500 克，泡红椒、红椒各适量

调料 盐、姜丝、酱油、葱、料酒各少许

做法

① 将猪肚切成条，制成响肚，切肚丝；葱洗净切段；红椒洗净切丝。

② 净锅烧油，烧至五成热时，下入响肚滑油，断生后捞起沥干油。

③ 锅内烧油，下姜丝炒香，再加入肚丝、泡红椒、红椒丝，放盐、酱油，烹入料酒，炒拌入味，即可。

香辣肚丝

⏰ 制作时间
17 分钟

材料 猪肚 300 克，笋片 100 克，辣椒 50 克

调料 盐 5 克，味精 3 克，生粉适量，葱 1 根

做法

① 将猪肚入锅中煮熟后，取出切成片；笋片用清水冲洗；葱洗净，切段；辣椒均切成丝。

② 锅中加油烧热，下入辣椒、葱段、笋片炒香后，再放肚丝翻炒均匀。

③ 待熟后，调入盐、味精，以生粉勾芡出锅即可。

油浸鲜腰

⏰ 制作时间
18 分钟

材料 猪腰 500 克，白萝卜少许

调料 盐、青椒、红椒、酱油、料酒各适量

做法

① 所有原材料治净，猪腰切片，白萝卜切丝。

② 锅内加水烧热，放入腰花汆烫，捞出沥干待用。锅下油烧热，放入腰花滑炒，调入盐、酱油、料酒炒匀，放入青椒、红椒，加适量水煮熟，用白萝卜丝点缀即可。

凤尾腰花

⏱ 制作时间
15 分钟

材料 猪腰 1 个，青椒、红椒各 30 克

调料 盐、酱油各 4 克，姜末、蒜末、葱段各 10 克

做法

① 将青椒、红椒洗净去蒂去籽切圈；姜洗净去皮切片；猪腰洗净切凤尾状，放入油锅滑散。

② 油锅烧热，放入青椒、红椒、姜、蒜炒香，加入腰花，放入葱段，调入盐、酱油，炒匀入味即成。

洋葱炒猪腰

⏱ 制作时间
17 分钟

材料 猪腰 300 克，洋葱、红椒、芹菜叶各 30 克

调料 鸡精、盐、辣椒酱、红油、料酒各适量

做法

① 猪腰洗净，切花刀；洋葱洗净，切片；红椒去蒂洗净，切片；芹菜叶洗净。

② 热锅下油，放入猪腰略炒片刻，再放入洋葱、红椒、芹菜叶同炒，加盐、鸡精、辣椒酱、料酒、红油炒至入味，待熟，装盘即可。

石锅肥肠

制作时间
30 分钟

材料 猪大肠 400 克，竹笋、滑子菇各 100 克

调料 盐、花椒、蒜苗、红椒、料酒、醋各适量

做法

① 猪大肠用盐搓洗干净，切小段；竹笋去皮洗净切片；滑子菇洗净备用。

② 锅下油烧热，下花椒爆香，放猪大肠滑炒片刻，放入竹笋、滑子菇，调入盐、料酒、醋、红椒炒匀，加清水焖煮至熟，加蒜苗，片刻后装入石锅中即可。

剁椒脆耳

制作时间
10 分钟

材料 猪耳 250 克，香菜适量

调料 红尖椒、蒜片、芝麻、盐、白酒各适量

做法

① 猪耳去毛洗净，煮熟，切薄片放入盘中。

② 将红尖椒洗净制成剁椒。

③ 把剁椒倒入盘中，加入盐、蒜片、芝麻、白酒等拌匀，再放入香菜即可。

红油千层耳

制作时间
15 分钟

材料 猪耳 500 克

调料 红油、芝麻、盐、白糖、香油各适量

做法

① 猪耳洗净，放入沸水中煮熟，取出晾凉。

② 猪耳切成薄片，加入盐、白糖、红油、香油调成味汁。

③ 将耳片与调好的味汁拌匀，撒上芝麻即成。

香干拌猪耳

制作时间 **12分钟**

材料 豆干、熟猪耳各200克，熟花生50克，红椒少许

调料 盐、香菜、葱各少许，醋15克

做法

① 香干洗净，切片，放入沸水中煮2分钟再捞出；红椒、葱洗净切丝；香菜洗净切段；熟猪耳切片，与香干同装一盘中。

② 油锅烧热，放花生、盐、醋翻炒，淋在香干、猪耳朵上拌匀，撒上香菜、红椒、葱丝即可。

大刀耳叶

制作时间 **140分钟**

材料 猪耳400克

调料 老抽、生抽各10克，盐3克，卤汁800克，八角、桂皮各适量

做法

① 猪耳治净备用；八角、桂皮均洗净。

② 锅上火，倒入卤汁，加入八角、桂皮、老抽、盐烧开，放入猪耳，用慢火卤制2小时。

③ 取出猪耳，切成薄片，装入盘。另起锅，烧热油及生抽，装碗，摆入盘中即可。

香酥担担骨

⏱ 制作时间
30 分钟

材料 猪排骨 1000 克,红椒丁 10 克

调料 葱段、姜片、酱油、香油、盐、味精、淀粉各适量

做法

① 排骨洗净,汆水后裹上淀粉。

② 锅中加油烧热,放入排骨炸至微黄后捞出装盘,锅中留底油烧热放入葱段、姜片、红椒丁、酱油、香油、盐、味精炒匀,起锅淋在排骨上即可。

香炒猪骨

⏱ 制作时间
17 分钟

材料 带肉猪骨 400 克

调料 生抽 10 克,盐 3 克,鸡精 2 克,葱、花生、红椒、芝麻各适量

做法

① 猪骨洗净,汆水,用开水煮熟;红椒去蒂,洗净切碎;葱洗净,切段。

② 热锅下油,下入花生、芝麻、红椒炒香,再下入猪骨,用中火翻炒。

③ 炒至熟,加入盐、鸡精、生抽炒匀,撒入葱段即可。

土豆炖排骨

制作时间 45分钟

材料 排骨300克，土豆400克

调料 盐3克，鸡精2克，酱油、料酒各适量

做法

① 排骨洗净，切块；土豆去皮洗净，切块。

② 水烧开，放入排骨汆水，捞出沥干待用。

③ 锅内下油烧热，放排骨滑炒片刻，放入土豆，调入盐、鸡精、料酒、酱油炒匀，加清水炖熟，待汤汁变浓，装盘即可。

剁椒小排

制作时间 30分钟

材料 排骨500克，剁椒100克

调料 盐3克，味精1克，醋9克，老抽12克，料酒15克

做法

① 排骨洗净，剁成小块。

② 排骨置于盘中，加入盐、味精、醋、老抽、料酒拌匀后，铺上一层剁椒。

③ 放入蒸锅中蒸20分钟左右取出即可。

五成干烧排骨

制作时间 40分钟

材料 排骨300克，五成干300克

调料 盐3克，鸡精2克，酱油、醋、料酒各适量

做法

① 排骨洗净切块，汆水捞出；五成干洗净备用。

② 锅内加水烧开，放入五成干汆熟，捞出沥干摆盘。锅下油烧热，放入排骨煸炒片刻，调入盐、鸡精、酱油、料酒、醋炒匀，待炒至八成熟时，加适量清水焖煮，待汤汁收干盛于五成干上即可。

串串香

⏰ 制作时间 **30分钟**

材料 瘦羊肉500克，青椒、红椒各20克

调料 盐、芝麻、鸡蛋、面粉、花椒粉各少许

做法

❶ 羊肉洗净切小块，加盐、芝麻、花椒粉、鸡蛋、面粉腌渍；青椒、红椒洗净切丁。

❷ 将羊肉块用手捏扁穿在竹签上，青椒、红椒用油爆熟备用。

❸ 将羊肉串横架在炭烤炉上两面烤至出油时，放入盘中淋上备用料即可。

豉香风味排骨

⏰ 制作时间 **17分钟**

材料 排骨350克，青椒、红椒各50克

调料 盐、豆豉、红油、蒜末、芝麻各适量

做法

❶ 排骨洗净斩段，用盐抹匀；青椒、红椒洗净去籽，切圈。

❷ 油锅烧热，放入排骨炸至金黄色，捞出。

❸ 用余油爆香青椒、红椒，下排骨、豆豉、蒜末、芝麻炒匀，淋上红油即可。

芝香小肋排

⏰ 制作时间 **30分钟**

材料 牛小排800克，芝麻10克，西蓝花50克

调料 葱、生抽、糖、淀粉、胡椒粉各适量

做法

❶ 将牛小排洗净切段，放入油锅中煎至九成熟；西蓝花洗净。

❷ 葱洗净切末，放入锅中，加入生抽、芝麻、糖、淀粉、胡椒粉加热调成汁。

❸ 将汁撒在牛小排上，西蓝花过水煮熟后放在盘边点缀即可。

孜然寸骨

制作时间
30分钟

材料 寸骨 1000 克，红椒 20 克

调料 蒜、葱、孜然粉、生抽、糖、料酒各适量

做法

① 将寸骨用生抽、糖、料酒腌渍；红椒、葱、蒜洗净剁碎。

② 寸骨用热油煎至八成熟，用孜然粉、生抽、糖调成汁。

③ 爆香蒜茸、红椒碎和寸骨，加入调好的汁，翻炒至汁浓撒上葱花便可。

筒骨马桥香干

制作时间
35分钟

材料 筒子骨适量，香干 200 克

调料 盐 3 克，蒜苗 10 克，干辣椒 30 克，白芝麻 5 克，酱油、料酒、醋各适量

做法

① 筒子骨洗净，砍段；香干洗净，切块；蒜苗洗净，切段。

② 锅内加水烧开，放入筒子骨，汆去血水，捞出沥干。锅下油烧热，下干辣椒、白芝麻爆香，放入筒子骨煸炒，调入盐、料酒、酱油、醋炒匀，注入清水，放入香干，煮熟，待汤汁变浓时放入蒜苗即可。

湘味骨肉相连

制作时间 25分钟

材料 带软骨猪肉300克，竹签数根，红椒适量

调料 盐、老抽、芝麻、水淀粉各适量

做法

① 猪肉洗净，用盐、老抽腌渍，再与水淀粉拌匀，用竹签串起，放入微波炉中烤至熟；红椒去蒂洗净，切圈。

② 热锅下油，下入芝麻炒香，下入红椒翻炒，倒在烤肉串上即可。

红油猪舌

制作时间 15分钟

材料 红油15克，猪舌250克

调料 盐、味精、酱油、香油各8克，葱花少许

做法

① 将猪舌治净，入开水锅中煮熟，捞起，趁热撕去表面白色的皮，切成薄片。

② 红油、酱油、盐、味精、香油一起放在碗中调成味汁。

③ 将味汁淋在猪舌上，拌匀，盛盘，撒上葱花即可。

香炒腊猪舌

制作时间 18分钟

材料 腊猪舌100克，尖椒、蒜苗各适量

调料 盐、料酒、辣椒酱、蒜末各适量

做法

① 腊猪舌洗净，切片；尖椒洗净，切圈；蒜苗洗净，切小段。

② 炒锅加油烧热，加蒜末爆香，再放入猪舌煸炒几分钟，入尖椒，继续拌炒。

③ 待快熟时，调入各调味料，继续炒至香味散发，下蒜苗炒熟即可。

香辣霸王蹄

制作时间 **23分钟**

材料 猪蹄、芝麻各适量

调料 盐、姜、蒜、干椒、蜂蜜酱、生抽、香叶、桂皮、八角、茴香、花椒各适量

做法

① 猪蹄治净去骨，沥干水分。

② 锅中注水，放入猪蹄、蜂蜜酱、油、盐、生抽、香叶、桂皮、八角、茴香、花椒卤至熟，捞出猪蹄，卤汁盛出备用。将卤好的猪蹄放入蒸锅蒸熟，取出调入卤汁，加入炒香的芝麻、干椒、姜、蒜即可。

原汁肘子

制作时间 **60分钟**

材料 猪肘400克，鲜香菇、口蘑片各50克

调料 盐、酱油、料酒、八角、桂皮各适量

做法

① 猪肘治净，加盐、酱油、料酒腌渍，入锅炸至外皮皱起；八角、桂皮制成香料包。

② 水烧开，放入香料包，加入猪肘煮至熟烂，猪肘捞出盛碗中，原汤待用。另起油锅烧热，入香菇、口蘑炒香，倒入原汤烧开，调入盐、酱油拌匀，起锅淋在猪肘上即可。

口味猪手

制作时间 **50分钟**

材料 猪蹄400克

调料 盐、老抽、料酒、白糖、干红椒各适量

做法

① 猪蹄治净切块，汆水；干红椒洗净，切段。

② 锅中注油烧热，下干红椒爆香，加入猪蹄，调入老抽和料酒炒至变色，加水焖至熟。

③ 加盐和白糖调味，焖至汁浓肉烂时起锅装盘即可。

青椒佛手皮

制作时间 17 分钟

材料 猪脚 1 个，青椒片 50 克

调料 酱油 50 克，盐 3 克，味精 2 克，蚝油 10 克，蒜片 10 克

做法

1. 将猪脚治净，煮至熟烂，剥取皮切条片备用。
2. 锅上火，油烧热，放入猪皮，倒入酱油，烧至猪皮香而转为酱色。
3. 加入青椒片、蒜片一起炒熟，调入调味料，炒匀入味即可。

酱香蹄花

制作时间 40 分钟

材料 猪蹄肉 300 克

调料 盐 3 克，红油 100 克，豆豉、芝麻、红椒、黄椒、芹菜、葱花各 10 克，卤水适量

做法

1. 猪蹄肉治净，汆水，放入卤水锅内卤熟，切成肉片，摆入盘中；红椒、黄椒、芹菜洗净，切丁。
2. 热锅入油，放入芝麻和豆豉炒香，加入红油、盐、红椒、黄椒、芹菜、葱花翻炒，出锅，淋在肉片上即可。

爆炒蹄筋

制作时间 25 分钟

材料 牛蹄筋 250 克，青椒、红椒片各 20 克

调料 盐、香油、酱油、水淀粉、料酒各适量

做法

1. 将牛蹄筋洗净入锅煮至断生，切段。
2. 炒锅加油烧热，下入青椒、红椒片炒香，倒入牛蹄筋翻炒至熟，加酱油、料酒、盐炒至入味，最后用水淀粉勾芡，淋香油即可。

泡椒牛肉丝

⏰ 制作时间 **16分钟**

材料 牛肉300克，泡椒100克，芹菜梗50克
调料 盐、酱油、醋、干辣椒各适量

做法

① 牛肉洗净，切丝；泡椒洗净；芹菜梗洗净，切段；干辣椒洗净切碎。

② 锅中注油烧热，下牛肉丝翻炒至变色，再放入泡椒、芹菜梗一起炒匀。

③ 再加入干辣椒碎炒至熟后加入盐、酱油、醋拌匀调味，起锅装盘即可。

风味麻辣牛肉

⏰ 制作时间 **15分钟**

材料 熟牛肉250克，红椒、香菜、芝麻各10克
调料 香油15克，辣椒油10克，酱油30克，味精1克，花椒粉2克，葱15克

做法

① 熟牛肉切片；葱洗净，切段；红椒洗净切粒。

② 将味精、酱油、辣椒油、花椒粉、香油调匀，成为调味汁。

③ 牛肉摆盘，浇调味汁，撒熟芝麻、红椒粒、香菜、葱段即可。

火爆牛肉丝

⏰ 制作时间 **30 分钟**

材料 牛肉 200 克，洋葱 50 克

调料 盐、水淀粉、干红椒、生抽、香菜各少许

做法

① 牛肉洗净，切丝，用盐、水淀粉腌 20 分钟；干红椒洗净，切段；香菜洗净；洋葱洗净，切丝。

② 油锅烧热，下干红辣炒香，加入牛肉爆熟，再加洋葱、香菜炒熟。

③ 入盐、生抽调味，炒匀，装盘即可。

风干牛肉丝

⏰ 制作时间 **35 分钟**

材料 牛肉 350 克

调料 盐 3 克，鸡精 1 克，料酒、八角、丁香各适量

做法

① 牛肉治净，放入锅中，加水、盐、鸡精、料酒、八角、丁香，待牛肉煮至熟烂时，捞起牛肉，放入冷水中冷却，捞起沥干，将牛肉用手撕成丝。

② 炒锅注油烧热，放入牛肉丝稍炸，捞起控油，装盘即可食用。

竹笋炒牛肉

⏰ 制作时间
20分钟

材料 竹笋段 200 克，牛肉丝 250 克

调料 盐 6 克，料酒 5 克，胡椒粉 5 克，蚝油 5 克，味精 3 克，红辣椒丝适量，葱段 2 根，姜丝适量

做法

① 将原材料处理干净。

② 牛肉丝放入碗中，加入盐、蚝油、料酒、胡椒粉腌渍五分钟，锅中油烧至四成热，下入牛肉丝滑散氽烫捞起，竹笋入沸水氽烫捞起。

③ 锅中留少许底油，加入姜丝炒香，放入竹笋、牛肉丝、红辣椒丝，调入蚝油、盐、味精炒匀即可。

爆炒牛柳

⏰ 制作时间
75分钟

材料 牛柳 250 克

调料 蚝油 5 克，盐 5 克，嫩肉粉、淀粉各适量，蒜 5 克，姜片 5 克，香菜 50 克，泡椒 50 克，指天椒 5 个

做法

① 牛柳切丝、冲水；泡椒洗净；指天椒洗净切成小块。

② 牛柳用嫩肉粉、淀粉、盐腌渍 1 小时后过油。

③ 将蒜、姜片煸香，下泡椒、指天椒、牛柳炒熟，调入盐、蚝油，起锅前放香菜即可。

飘香牛肉

制作时间 **95分钟**

材料 牛肉500克

调料 盐3克，酱油、料酒、香油、熟芝麻各10克，红椒末30克，葱花20克

做法

① 牛肉洗净，切大片，加入盐、酱油、料酒腌渍1小时，入蒸笼蒸半小时取出。

② 油锅烧热，下牛肉炸至金黄色，再入红椒末同炒1分钟。

③ 撒上葱花，淋入香油，撒上熟芝麻即可。

一品牛肉爽

制作时间 **30分钟**

材料 牛肉350克

调料 葱、红椒各50克，盐、鸡精、香油、料酒、酱油、八角、熟芝麻各适量

做法

① 将牛肉洗净，在锅中加入适量清水、盐、料酒、酱油、八角，煮开后将牛肉放入锅中煮熟，捞起牛肉，沥干水分，切片，装盘。

② 葱洗净，切成葱花；红椒洗净，切圈。

③ 将红椒、鸡精、葱花、香油、熟芝麻拌匀，倒在牛肉片上即可。

牙签牛肉

⏰ 制作时间 **17分钟**

材料 牛肉400克

调料 盐8克，味精3克，胡椒粉2克，淀粉5克，姜5克，干辣椒30克，孜然10克，蒜5克

做法

① 牛肉洗净切成薄片；干辣椒切段；姜、蒜洗净切末。

② 牛肉片用淀粉、盐腌渍入味，用牙签串起来，入油锅炸香后捞出。

③ 油锅加热，下入姜、蒜、干辣椒炒香，再下入牛肉串及其他调味料炒至入味即可。

竹签牛肉

⏰ 制作时间 **22分钟**

材料 牛肉400克，青辣椒3个，红辣椒4个，竹签若干

调料 盐5克，淀粉10克，料酒10克，胡椒粉2克，蚝油5克，豆瓣酱2克，姜1块

做法

① 牛肉洗净，横切薄片，放入料酒、盐、蚝油、淀粉、胡椒粉腌渍；青、红辣椒洗净去蒂去籽切成段；姜洗净切片、丝各少许。

② 锅内加水烧热，将腌好的牛肉、青、红辣椒、姜一起过水，捞起沥干水分，将青、红辣椒和姜片、牛肉穿在竹签上，摆放盘内。

③ 锅烧热放油，加少许豆瓣酱，放入姜丝炒香，放入清水，调入盐、胡椒粉、淀粉调匀，淋在牛肉上即可。

农家大片牛肉

⏰ 制作时间 15 分钟

材料 牛腱肉 600 克，土豆粉条 200 克

调料 盐、香葱、鸡汤、干尖椒、白芝麻各适量

做法

① 牛腱肉洗净煮熟，切片；土豆粉条泡发。

② 锅上火烧热，放入牛腱肉、土豆粉条、盐，入鸡汤焖煮 3 ~ 4 分钟，盛入碗中。

③ 锅入油，放入白芝麻、干尖椒炸香，浇在牛腱肉上，放上香葱即可。

湘卤牛肉

⏰ 制作时间 40 分钟

材料 牛肉 500 克

调料 盐、料酒、鲜汤、蒜末、酱油、辣椒油各适量

做法

① 牛肉洗净，切块，煮熟待用。

② 油锅烧热，爆香蒜末，淋上料酒，加入酱油、盐，加鲜汤、牛肉，大火煮半小时。

③ 待肉和汤凉后，捞出牛肉块，改刀切薄片，淋上辣椒油即可。

糯米蒸牛肉

⏰ 制作时间 45 分钟

材料 牛肉 500 克，糯米 100 克

调料 盐、酱油、料酒、葱花、红椒、香菜各适量

做法

① 牛肉洗净，切块；糯米泡发洗净；香菜洗净；红椒洗净，切丝。

② 糯米装入碗中，再加入牛肉与酱油、盐、料酒、葱花拌匀。

③ 将拌好的牛肉放入蒸笼中，蒸 30 分钟，取出撒上香菜、红椒即可。

生拌牛百叶

⏰ 制作时间 **35分钟**

材料 牛百叶500克，松子、芝麻、红椒各20克
调料 香油、盐、酱油、陈醋各适量
做法
① 将松子擀碎备用；牛百叶刮去黑皮洗净切成细丝，控净水，放盆内；红椒洗净切丁。
② 加入陈醋、红椒、芝麻，拌匀，腌15分钟。
③ 再放入松子、盐、香油拌匀，腌20分钟即可。

泡椒牛百叶

⏰ 制作时间 **20分钟**

材料 牛百叶500克，泡椒、红椒各15克
调料 盐4克，味精2克，蚝油5克，红油8克，陈醋、葱各10克，胡椒粉5克，酒10克
做法
① 将牛百叶加酒、陈醋稍腌，清洗干净后，过沸

水，晾凉后切件备用。
② 泡椒、红椒洗净切碎；葱择洗干净切段。
③ 锅上火，油烧热，放入泡椒、红椒、葱段炒香，倒入牛百叶，调入所有调味料，炒匀入味，盛出装盘。

红油牛百叶

制作时间
10 分钟

材料 牛百叶 300 克

调料 葱 10 克，盐 3 克，红油适量

做法

① 牛百叶治净，切条状；葱洗净，切花。

② 锅置火上，倒入适量清水烧开，调入盐，放入牛百叶氽至熟透后，捞出沥干。

③ 将牛百叶用红油拌匀后，装盘，撒上葱花即可。

水晶粉炖牛腩

⏰ 制作时间 **40 分钟**

材料 牛腩 500 克，水晶粉 200 克

调料 盐、白芝麻、酱油、料酒、红油、高汤各适量

做法

①牛腩洗净，切条；水晶粉泡发备用。

②锅内加水，放入水晶粉煮熟，盛入碗中；牛腩汆水，捞出备用。

③油烧热，放白芝麻炒香，放入牛腩煸炒，调入盐、料酒、酱油、红油炒匀，注入高汤，炖熟后倒入碗中的水晶粉上即可。

石煲香菇牛腩

⏰ 制作时间 **45 分钟**

材料 牛腩 400 克，香菇 100 克

调料 盐、酱油、料酒、水淀粉、鸡精各适量

做法

①牛腩洗净，切块；香菇去根部，泡发洗净。

②锅内加水烧热，放入牛腩汆水，捞出。

③锅下油烧热，放入牛腩滑炒几分钟，放入香菇，调入盐、鸡精、料酒、酱油炒匀，快熟时，加适量水淀粉焖煮，待汤汁收干，盛入石煲中即可。

丸子蒸腊牛肉

⏰ 制作时间 **40 分钟**

材料 腊牛肉 300 克，丸子 200 克

调料 红椒、葱花、香油、香菜各适量

做法

①腊牛肉洗净切片；丸子洗净，切片；香菜洗净，切片；红椒洗净，切丁。

②将切好的腊牛肉片与丸子装入碗中，入蒸锅中蒸30 分钟。取出，撒上香菜、红椒、葱花、香油即可食用。

铁板牛肚

制作时间
25 分钟

材料 牛肚 400 克，红椒片、蒜片、蒜苗段各 10 克

调料 盐、味精、鸡精、孜然、蚝油各适量

做法

① 牛肚洗净，煮熟，取出，切片。

② 油烧热，入牛肚片炸至呈金黄色，捞出。

③ 锅内留少许底油，烧热，放入红椒片、蒜片、蒜苗段炒香，加入少许孜然，放入牛肚，调入盐、味精、鸡精、蚝油，炒匀入味，盛出装入烧热的铁板里即成。

干锅牛杂

制作时间
100 分钟

材料 牛腩、牛筋、牛肚各 150 克

调料 盐、蒜、干椒段、姜片、豆瓣各少许，卤汁适量

做法

① 锅中倒入卤汁，放入牛腩、牛筋、牛肚卤熟，取出，切成片。

② 油烧热，放蒜、干椒段、豆瓣炒香。

③ 放入卤好的牛杂片，加入上汤，调入盐、姜片，焖入味后盛出，装入干锅即成。

小炒鲜牛肚

制作时间
15 分钟

材料 鲜牛肚 1 个，蒜薹 300 克，红椒 3 个

调料 盐、蚝油、香油各适量

做法

① 牛肚洗净卤好切片；蒜薹洗净切段；红椒洗净切丝。

② 倒油入锅，下入蒜薹、红椒，下牛肚，调入盐、蚝油，淋上香油即可。

葱爆羊肉

⏰ 制作时间 **23分钟**

材料 羊肉300克

调料 盐、料酒、嫩肉粉、白糖、生粉各适量，葱30克，干辣椒5克

做法

① 羊肉洗净切片；葱择洗净切段。

② 羊肉用盐、料酒、嫩肉粉腌10分钟，再滑炒，加入葱段、干辣椒炒香。

③ 放入料酒、盐、白糖烧入味，勾芡即可。

洋葱炒羊肉

⏰ 制作时间 **17分钟**

材料 羊肉250克，香菜10克，洋葱15克

调料 辣椒粉5克，孜然8克，盐5克，味精2克

做法

① 羊肉洗净切片；香菜洗净切段；洋葱洗净切丝，垫入平锅底，烧热备用。

② 炒锅中注油烧热，放入羊肉片滑散，盛出。

③ 炒锅内留油，放入辣椒粉、孜然炒香，加入羊肉片、香菜炒匀，调入盐、味精炒熟，盛出放在装有洋葱的平锅中即可。

手抓羊排

⏰ 制作时间
30 分钟

材料 羊排 300 克，红椒、青椒各 10 克

调料 盐、胡椒粉、葱各 3 克，料酒适量

做法

① 羊排治净，用盐、料酒、胡椒粉腌渍 15 分钟备用；红椒、青椒均去蒂洗净，切丁；葱洗净，切花。

② 锅下油烧热，放入羊排，用中火炸至熟透，放入青椒、红椒翻炒一下，装盘撒上葱花即可。

羊肉串

⏰ 制作时间
27 分钟

材料 羊肉 150 克，竹签适量

调料 孜然 2 克，辣椒粉 3 克，料酒 2 克，盐 5 克，味精 3 克

做法

① 羊肉洗净，切成小丁备用。

② 将切好的羊肉丁调入所有调味料腌渍 5 分钟，再串在竹签上。

③ 锅中油烧热，放入羊肉串炸至金黄色即可。

铁板羊里脊

制作时间 **50分钟**

材料 羊里脊400克

调料 姜片5克，蒜蓉5克，生抽10克，美极鲜30克，盐4克，味精4克，淀粉20克，料酒10克，蛋液50克

做法

① 羊里脊洗净后切成薄片，放入盐、味精、淀粉、生抽、蛋液码味上浆，腌渍30分钟。

② 羊里脊放入烧至四成热的油中小火滑5分钟，取出后控油。

③ 锅内放入15克油，烧至七成热时放入姜片、蒜蓉煸香，倒入羊里脊翻炒均匀，加入料酒、美极鲜调好味出锅，放在烧至280℃左右的铁板上即可。

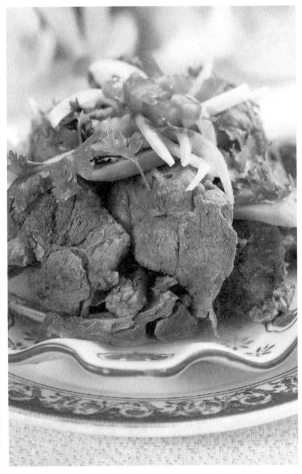

手抓肉

制作时间 **17分钟**

材料 羊肉500克，洋葱15克，胡萝卜20克，香菜10克

调料 盐5克，花椒5克

做法

① 羊肉洗净切块；洋葱洗净切片，胡萝卜洗净切块；香菜洗净切末。

② 锅中水烧开，放入羊肉块焯烫捞出，锅中继续烧开水，放入盐、洋葱、花椒、胡萝卜、羊肉煮熟。

③ 加入香菜末出锅即可。

锅仔狗肉

⏰ 制作时间 **45分钟**

材料 狗肉400克，黄豆芽150克，洋葱片50克，红椒2个

调料 盐6克，胡椒粉5克，料酒5克，醋6克，生抽6克，干辣椒10克，花椒5克，八角5克，姜片、葱段各适量

做法

1. 狗肉洗净剁块；红椒洗净切成菱形片；黄豆芽洗净。

2. 水煮沸后，放入狗肉煮至熟烂，捞起沥干。

3. 锅中油烧热后，下入姜片、干辣椒、八角、花椒爆香，加入狗肉、红椒片、洋葱片、黄豆芽，调入料酒、盐、醋、生抽、胡椒粉调味，炖煮熟烂后，撒上葱段即可。

麻辣狗肉

🕐 制作时间 **20分钟**

材料 狗肉300克，红辣椒1个

调料 干辣椒10克，盐6克，花椒5克，豆瓣酱8克，鸡精3克，葱段、姜丝各适量

做法

❶ 将狗肉洗净剁成小块；红辣椒洗净切片；干辣椒切末备用。

❷ 水开后，放入狗肉，汆烫后捞起沥干。

❸ 锅中油烧至五成热，下入狗肉块炸熟后捞起，锅中留少许底油，加入姜丝、干辣椒末、葱段、花椒爆香后加入狗肉、红辣椒，调入豆瓣酱、盐、鸡精炒匀即可。

蒜苗狗肉煲

制作时间 **60分钟**

材料 狗肉500克，白萝卜300克，蒜苗段10克

调料 豆瓣酱、盐、红油、姜片、蒜片、八角各适量

做法

① 狗肉洗净斩件；白萝卜洗净切块。

② 白萝卜煮10分钟，垫入煲底；狗肉氽水。

③ 爆香姜片、蒜片、豆瓣酱、八角，下入狗肉、蒜苗段炒香，放入煲内加水焖40分钟调入盐、红油即可。

狗肉烩洋葱

制作时间 **17分钟**

材料 熟狗肉500克，红椒、洋葱各1个

调料 泡椒粒10克，料酒5克，胡椒粉5克，盐3克，姜1块

做法

① 将熟狗肉切成块状；洋葱洗净后切片；红椒洗净去蒂去籽切片；姜洗净切片。

② 锅中油烧热，下入泡椒粒、姜炒香后，放狗肉块，放入胡椒粉、盐炒匀。

③ 再下入洋葱片、红椒片炒熟即可。

红焖狗肉

制作时间 **45分钟**

材料 狗肉500克

调料 盐、红椒、香菜、料酒、生抽各适量

做法

① 狗肉洗净，沥干切块；红椒洗净，沥干切块；香菜洗净切段。

② 油烧热，下狗肉，调入料酒、生抽炒至变色，加入红椒和适量水焖至狗肉熟透。

③ 加盐调味，撒上香菜段即可。

麻辣馋嘴兔

⏰ 制作时间 **25分钟**

材料 兔肉 500 克

调料 葱段、盐、花椒、泡椒、生抽各适量

做法

① 将兔肉治净，氽水；泡椒洗净。

② 热锅下油，将兔肉略炒，捞起待用。

③ 留油在锅，下入花椒、泡椒、葱白段、生抽、盐，大火翻炒，加高汤浸没食材，旺火烧滚，下入兔肉，再改中火，烹熟即可。

芋儿狗肉

⏰ 制作时间 **55分钟**

材料 狗肉 500 克，芋儿 5 个，红椒适量

调料 料酒、生抽、醋、鸡精、红油、八角、丁香、陈皮、姜、蒜、葱段各适量

做法

① 将狗肉洗净切成小块状；蒜、姜洗净去皮拍松；红辣椒洗净切成片状备用；芋儿去皮洗净。

② 锅中水煮开后下入狗肉，氽烫后捞起沥干水分。

③ 锅中加油烧热，下入蒜、姜、葱段、八角、丁香、陈皮爆香后下入狗肉，放入料酒、生抽、醋、鸡精等炒匀后加入水炖煮约半小时至熟烂，撒上葱段即可。

炝锅仔兔

⏰ 制作时间
25分钟

材料 兔肉400克，黄瓜适量

调料 盐3克，味精2克，酱油、干辣椒各适量

做法

① 兔肉洗净，切块；干辣椒洗净，切段；黄瓜洗净，切块。

② 锅中注油烧热，下干辣椒炒香，放入肉块炒至变色，再放入黄瓜一起翻炒。

③ 炒至熟后，加入盐、味精、酱油拌匀调味，起锅装盘即可。

霸王兔

⏰ 制作时间
15分钟

材料 兔肉350克

调料 盐3克，味精1克，生抽、料酒各5克，花椒少许，干红椒100克

做法

① 兔肉洗净，剁成块；干红椒洗净，切段。

② 油锅烧热，放入干红椒爆香，下兔肉滑熟。

③ 烹入料酒，加入花椒翻炒，最后调入盐、味精、生抽即可。

鸡粒碎米椒

⏰ **制作时间 80 分钟**

材料 面粉 300 克，红椒 50 克，鸡脯肉 200 克，青椒 100 克

调料 盐 3 克，鸡精 3 克，发酵粉适量，水淀粉 10 克，葱花 10 克

做法

1 鸡脯肉洗净剁成丁，用水淀粉腌渍；红椒洗净，切丁；青椒洗净，切圈。

2 面粉加水与发酵粉和好，发酵 1 小时后，做成蝴蝶状，上蒸笼蒸熟摆盘。锅底入油，放鸡丁滑炒，放入红椒、青椒翻炒熟，调入盐、鸡精炒匀，撒入葱花装盘。

红油土鸡钵

⏰ 制作时间 **30 分钟**

材料 土鸡 1 只，青椒、红椒各 20 克

调料 盐、酱油、红油、干辣椒各适量，葱少许

做法

❶ 土鸡治净，切块；青椒、红椒洗净，切片；干辣椒洗净，切圈；葱洗净，切花。

❷ 锅中注油烧热，放入鸡块翻炒至变色，再放入青椒、红椒、干辣椒炒匀。注入适量清水，倒入酱油、红油煮至熟后，加入盐调味，撒上葱花即可。

酸辣鸡丁

⏰ 制作时间 **17 分钟**

材料 鸡肉 250 克，柿子椒 50 克

调料 盐、酱油、醋、料酒、淀粉、香油各少许，蛋清 20 克，干辣椒 20 克

做法

❶ 柿子椒洗净切丁；鸡肉洗净切丁；用蛋清、淀粉

上浆。起锅放油烧热，投入鸡丁滑散，捞出控油。

❷ 锅留底油，放干辣椒爆香，投入鸡丁及盐、酱油、醋、料酒翻炒，勾芡，淋入香油即可。

口水鸡

⏰ 制作时间 **30 分钟**

材料 鸡肉 450 克，芹菜叶适量

调料 盐、熟白芝麻、料酒、红油、香油各适量

做法

①鸡肉治净，斩件，用料酒、盐腌渍备用；姜去皮洗净，切片；芹菜叶洗净。

②将腌好的鸡肉放入汤锅，注入冷水没过鸡肉表面，加盐、料酒，煮至熟透后，捞出入冰水里冷却后，沥干抹上香油，摆盘。

③将盐、红油调成味汁淋在鸡肉上，撒上熟白芝麻，放入芹菜叶即可。

芙蓉鸡片

⏰ 制作时间 **27 分钟**

材料 鸡脯肉 400 克，鸡蛋 2 个

调料 葱花、姜丝、料酒、盐、水淀粉、鸡精各适量

做法

①鸡脯肉洗净，剁成茸状，加盐、鸡精、水淀粉搅拌均匀；鸡蛋打入碗中，加盐搅拌均匀。

②鸡油烧热，鸡脯肉滑炒至熟捞出；锅底留油，鸡蛋滑炒至熟捞出。油烧热，姜丝炒香，加入鸡脯肉和鸡蛋翻炒至入味，调入盐、料酒、水淀粉，撒上葱花，装盘。

惹味口水鸡

⏰ 制作时间
30 分钟

材料 鸡肉 300 克，芝麻、花生仁 10 克

调料 豆瓣酱、葱段、姜片、盐、葱花、花椒各适量

做法

① 鸡肉洗净斩块，加盐腌渍。

② 油烧热，放入葱段、姜片、花椒爆香。用滤网滤去花椒、葱、姜。热油倒入豆瓣酱，调和均匀。

③ 烧水，水沸后将鸡肉煮熟，摆盘，将调和均匀的酱汁撒在鸡肉上，撒少许葱花、花生仁、芝麻即可。

芋儿鸡

⏰ 制作时间
30 分钟

材料 芋儿 200 克，鸡肉 400 克

调料 姜、葱、花椒、盐、酱油、味精各适量

做法

① 鸡肉治净切块；葱洗净切末；姜去皮洗净切片。

② 倒入鸡块、姜、葱、花椒一起爆炒，将酱油和盐加入，和鸡块同炒至上色。

③ 加水烧沸，放一点盐，下芋儿加盖焖至熟，捡去葱、姜，放味精收浓汤汁起锅即成。

左宗棠鸡

⏱制作时间 **23分钟**

材料 鸡腿2只（约500克），干红辣椒30克，蒜瓣20克，鸡蛋1个

调料 姜10克，酱油8克，白醋6克，白糖4克，辣椒油5克，干淀粉10克，湿淀粉10克，盐6克，味精2克，香油5克

做法

1 盐、味精、白醋、酱油、白糖加清水兑成汁待用；蒜瓣和姜洗净切成米粒状。

2 将鸡腿洗净，切成3厘米见方的块，用盐、鸡蛋、干淀粉稍腌，下入八成热的油锅，炸至外焦内嫩时，倒入漏勺沥油。

3 锅内留油，下姜米、蒜米和干红辣椒，煸炒出香味，倒入味汁，然后下入炸好的鸡块，用湿淀粉调稀勾芡，翻炒几下，淋辣椒油和香油，出锅装盘即成。

麻辣仔鸡

⏱制作时间 **25分钟**

材料 仔鸡1只（约800克），红辣椒100克，蒜苗15克

调料 料酒、花椒、黄醋、湿淀粉、香油、酱油、盐各适量

做法

1 将鸡治净剔除全部粗细骨，鸡肉切丁；红辣椒、蒜苗洗净切段。鸡肉盛入碗内，加盐1克、酱油5克，抓拌匀，再加入料酒5克、湿淀粉15克，用力抓匀使淀粉渗入鸡肉，用酱油、醋、香油、30克汤和湿淀粉兑成汁。

2 油烧热，放入鸡丁炸呈金黄色沥油。

3 炒锅内留油50克，烧至六成热时，下入红辣椒、蒜苗、花椒，煸炒几下，接着放入炸过的鸡丁合炒，再倒入兑好的汁，淋香油，翻炒几下出锅盛入盘中。

鸡丝豆腐

制作时间
10 分钟

材料 豆腐 150 克，熟鸡肉 25 克

调料 香菜、红椒、盐、芝麻、花生米、葱花、红油各适量

做法

① 豆腐洗净，入水中烫熟切片；熟鸡肉洗净，撕成丝；香菜、花生米洗净；红椒洗净切丁；油烧热，下花生米炸熟。

② 调味料调成味汁，将味汁淋在鸡丝、豆腐上，撒上葱花即可。

罗汉笋红汤鸡

制作时间
20 分钟

材料 罗汉笋 150 克，鸡 400 克

调料 盐、葱花、料酒、红油、熟芝麻、姜块各适量

做法

① 罗汉笋洗净，入水中煮熟，捞出；鸡治净，下入清水锅中，加姜块、料酒、盐煮好，捞出切条，放在罗汉笋上。

② 红油淋在鸡块上，撒上葱花和熟芝麻。

丰收大盘鸡

制作时间
25 分钟

材料 鸡肉 400 克，玉米、豆角、白萝卜各适量

调料 干红辣椒、红椒、盐、生抽各适量

做法

① 鸡肉洗净切块；玉米洗净切块；豆角去头尾洗净，切段；白萝卜去皮洗净，切块；干红辣椒、红椒均洗净，切块。

② 油烧热，入干红辣椒、红椒炒香后，入鸡肉翻炒，再放入玉米、豆角、白萝卜同炒，加盐、生抽炒匀。加适量清水焖烧至熟，盛盘即可。

葱油鸡

制作时间
25分钟

材料 鸡肉适量

调料 盐、葱白、葱油、酱油、蒜头、香菜段各适量

做法

① 鸡治净；葱白洗净切块。

② 鸡入开水煮熟，捞出晾凉切块，装盘；蒜头去皮入开水稍烫，捞出放盘中；用盐、酱油、葱油调成味汁，淋在盘中，撒香菜、葱白即可。

美味豆豉鸡

制作时间
23分钟

材料 鸡肉300克，豆豉酱50克，熟花生仁适量

调料 葱、红椒、姜各15克，盐3克，红油适量

做法

① 鸡肉洗净备用；葱洗净，切花；红椒去蒂洗净，切圈；姜去皮洗净，切片。

② 将鸡肉放入汤锅中，放入姜片、盐，加适量清水，将鸡肉煮至熟透后，捞出沥干，待凉，切成块，摆盘。淋入红油，将豆豉酱、熟花生仁、葱、红椒放在鸡肉上即可。

东安子鸡

制作时间
25分钟

材料 母鸡1只，清汤100克

调料 姜、干红辣椒、淀粉、料酒、葱丝、盐各适量

做法

① 鸡洗净切块，鸡胸、鸡腿切条；姜洗净切细丝；干红辣椒洗净切末。

② 油锅烧热下鸡肉、姜丝、干红辣椒煸炒，出香后放料酒、盐，注入清汤，放入淀粉、葱丝，出锅即成。

▌湘轩霸王鸡

⏰ 制作时间 **15分钟**

材料 鸡半只

调料 盐3克，味精1克，红油5克，熟芝麻适量，料酒10克，酱油5克，葱适量

做法

① 鸡治净，斩件后摆盘；葱洗净，切花。

② 将鸡放入蒸锅中蒸10分钟，取出。

③ 油锅烧热，下盐、味精、料酒、酱油、红油炒香，倒入蒸盘中的鸡汤，淋在鸡身上，最后撒上葱花、熟芝麻。

乡村炒鸡

制作时间 **20 分钟**

材料 土鸡 300 克，木耳、干豆角、红椒各少许

调料 盐、味精、老抽、醋、葱段各适量

做法

❶ 土鸡治净切块，斩块后氽水捞出；木耳泡发洗净撕片；干豆角浸水略泡后切段。

❷ 油锅烧热，倒入鸡块翻炒片刻，调入老抽、醋爆炒至鸡肉变色，加入木耳、干豆角、红椒同炒。待熟后，加入盐、味精调味，撒上葱段即可。

果酪鸡翅

制作时间 **25 分钟**

材料 鸡翅 500 克，菠萝 200 克，葡萄 100 克

调料 盐 2 克，味精 1 克，鸡精 1 克，淀粉 5 克

做法

❶ 鸡翅洗净切块，加盐、味精、鸡精腌入味，拍上淀粉，投入锅中炸至金黄色，取出。

❷ 菠萝剥皮切细块，葡萄洗净备用。

❸ 锅上火，加入少许底油，放入鸡翅、菠萝、葡萄熘炒入味，即可。

浓汤八宝鸭

制作时间
180 分钟

材料 草鸭 1 只，干虾米 15 克，糯米 250 克，上海青 300 克，花生仁、干瑶柱、火腿、香菇各 10 克

调料 葱末 15 克，绍酒 50 克，姜末、白胡椒粒、盐、鸡精各 10 克

做法

1 将草鸭治净，加入调味料腌渍入味，再放入锅中煲 2 ～ 3 小时。

2 上海青入沸水中焯热；将其他原材料一起入锅蒸熟，即成八宝饭。

3 将制好的八宝饭塞入鸭腹中，与上海青一同上碟即可。

湘西血粑鸭

⏰ 制作时间 **45分钟**

材料 鸭子300克,血粑200克

调料 盐5克,味精3克,生抽5克,胡椒粉3克,辣子酱5克,八角、桂皮各适量

做法

① 鸭子治净切块;血粑切块。

② 鸭块过油,加入八角、桂皮、辣子酱一起烧30分钟。

③ 最后加入血粑和其他调味料煮至入味即可。

秘制鸭唇

⏰ 制作时间 **50分钟**

材料 鲜鸭唇1000克,青椒、红椒片各50克

调料 盐、香辣酱、老抽、香油、香菜、椒盐各5克

做法

① 用香辣酱腌洗净的鲜鸭唇约15分钟,用小火卤30分钟备用。

② 净锅上火,油烧至七成热,入老抽、椒盐、香辣酱、小火炒出香味。

③ 倒入鸭唇,加入盐调味,放入青椒、红椒片翻匀,淋上香油,起锅装盘,加入香菜点缀即可。

孜然酱板鸭

⏰ 制作时间 **30分钟**

材料 攸县麻鸭1只

调料 卤汁900克,孜然粉、芝麻、香油各10克

做法

① 将攸县麻鸭治净,放入卤水锅中卤熟后切成件备用。

② 将切成件的麻鸭放入蒸锅中蒸熟后,再放入油锅中炸香,取出装盘,定形。

③ 撒上孜然粉、芝麻,淋上香油即可食用。

小炒仔洋鸭

⏰ **制作时间 20 分钟**

材料 鸭肉 250 克，红椒 100 克

调料 盐 3 克，味精 1 克，酱油 8 克，香菜少许

做法

① 鸭肉洗净，切片；红椒洗净，切圈；香菜洗净待用。

② 油锅烧热，倒入鸭肉炒至变色，再加入红椒、香菜翻炒片刻。

③ 调入盐、味精、酱油炒匀，即可出锅。

啤酒鸭

⏰ **制作时间 30 分钟**

材料 净鸭半只，啤酒 1 瓶

调料 香菜、红辣椒、葱段、姜片、蒜苗、酱油、蚝油、鸡精、盐、白糖各适量

做法

① 将鸭子洗净切成块，放入加有葱段的沸水中氽去腥味；蒜苗、红辣椒洗净切成片；香菜洗净切段待用。

② 锅中注油烧热，下入姜片、红辣椒爆香，放入鸭肉一起炒，加入盐、啤酒、葱段，加盖焖煮至汤水收干，再加入蒜苗、香菜、酱油、蚝油、鸡精和白糖即可。

鸭肉扣芋头

⏰ 制作时间 **75 分钟**

材料 鸭肉 400 克, 芋头 500 克

调料 盐、生粉、胡椒粉、蒸肉粉各少许, 老干妈辣酱适量

做法

① 鸭肉洗净剁块; 芋头去皮切片, 摆碗底。

② 鸭肉加老干妈辣酱、蒸肉粉、生粉拌匀腌一小会儿, 然后倒入芋头碗中。

③ 锅内注入适量水, 上蒸架, 放鸭肉、芋头入锅, 撒上胡椒粉、盐蒸 1 小时, 取出扣入盘中即可。

焖仔鸭

⏰ 制作时间 **35 分钟**

材料 鸭肉 300 克, 茄子 100 克

调料 盐、酱油、老抽、青椒、红椒、糊子酒各适量

做法

① 鸭肉洗净, 切成小块; 茄子去皮洗净, 切丁; 青椒、红椒洗净, 切圈。

② 油锅烧热, 下鸭肉炒至七成熟, 放入茄子及青椒、红椒同炒。调入盐、酱油、老抽, 烹入糊子酒, 焖至汁水收干, 即可装盘。

美味鸭舌

⏰ 制作时间 **30 分钟**

材料 鸭舌 1000 克

调料 料酒、酱油、干红辣椒、白糖、盐、葱花各适量

做法

① 鸭舌洗净焯水, 沥干。

② 油烧热将干红辣椒、鸭舌放入, 加入白糖、酱油、料酒、盐、少许水, 汤汁收干, 出锅前淋上葱花即可装盘。

风香鸭舌

制作时间 **17 分钟**

材料 鸭舌 350 克

调料 鸡精、糖、红油各 5 克，日本烧汁、美极鲜各 10 克，料酒适量

做法

❶ 鸭舌洗净，汆水后捞出沥干。

❷ 油锅烧热，倒入鸭舌，加鸡精、糖、红油、日本烧汁、美极鲜、料酒烧至熟软，出锅装盘即可。

干酱爆鸭舌

制作时间 **23 分钟**

材料 鸭舌 200 克，青椒 20 克，红椒 20 克

调料 盐、酱油、辣椒酱、蒜末、姜末、味精各适量

做法

❶ 将鸭舌洗净，煮熟，盛起备用；将青椒、红椒分别洗净，切丁。

❷ 热油，下姜末、蒜末炒香，放入青椒、红椒稍炒。放入鸭舌，加进盐、酱油、辣椒酱，大火爆炒 5 分钟，放入味精，盛起即可。

香辣卤鸭舌

制作时间 **20 分钟**

材料 鸭舌 300 克，熟芝麻少许

调料 辣椒段、葱花、姜片、盐、老抽、糖各适量

做法

❶ 鸭舌洗净；用老抽、糖加水制成卤水料。

❷ 烧热油，爆姜片、辣椒段，下鸭舌，加卤水料、盐，卤半小时后装盘；撒上葱花和熟芝麻即可。

美味鸭脖

⏰ 制作时间
15 分钟

材料 鸭脖 400 克

调料 盐、醋、酱油、香油、老抽、香菜各 5 克

做法

❶ 鸭脖洗净，切段后用盐、老抽稍腌；香菜洗净待用。

❷ 水烧沸，放入鸭脖余熟，捞起晾干后装盘。

❸ 调入盐、醋、酱油、香油拌匀，最后加入香菜摆盘。

湘卤鸭脖

⏰ 制作时间
60 分钟

材料 鲜鸭脖 500 克，芝麻 20 克

调料 葱花、姜片、盐、料酒、干辣椒各少许

做法

❶ 鸭脖洗净切段，与盐及料酒拌和均匀，腌渍一段时间，捞出备用。

❷ 油热下入干辣椒、姜片稍炒，加水、盐烧开即成辣味卤。把鸭脖放入烧开的辣味卤汁里，用中火卤10 分钟，捞出撒上芝麻、葱花即可。

辣子鸭脖

⏰ 制作时间
25 分钟

材料 鸭脖 500 克

调料 干辣椒段、花椒、盐、姜、料酒、白糖各适量

做法

❶ 鸭脖洗净切段，加料酒、盐腌渍；姜洗净切片。

❷ 热油下锅，放入鸭脖稍炸出锅沥油备用。另起油锅，放入干辣椒段、姜片和花椒，然后放入炸好的鸭脖翻炒，撒入白糖炒匀起锅即可。

椒盐鸭下巴

⏰ 制作时间 **20 分钟**

材料 鸭下巴 250 克，洋葱及青椒、红椒各适量

调料 椒盐 3 克，胡椒粉 5 克，酱油、老抽各 8 克

做法

①鸭下巴洗净，用胡椒粉、老抽腌至入味；洋葱及青椒、红椒分别洗净，切丁。

②油锅烧热，放入鸭下巴炸至金黄色，加入洋葱及青椒、红椒一起翻炒。

③出锅前调入椒盐、酱油，炒匀即可。

香辣鸭下巴

⏰ 制作时间 **25 分钟**

材料 鸭下巴 450 克

调料 香料 8 克，盐、味精、料酒各 3 克，姜、蒜、花椒各少许，干辣椒 50 克

做法

①鸭下巴洗净，卤熟；姜洗净去皮切片；蒜去皮切片。

②油烧热，入鸭下巴炸至金黄色，捞出沥油。

③锅中留油炒香干辣椒、花椒、姜、蒜，再放入鸭下巴和其他调味料炒匀，摆盘即可。

砂锅鸭血

⏰ 制作时间 **20** 分钟

材料 新鲜鸭血 500 克，鸡汤 500 克

调料 葱、姜、泡椒、青椒、红椒、盐、酱油各适量

做法

① 鸭血切块；葱洗净切花；姜去皮洗净切丝；泡椒、青椒、红椒洗净切小段。

② 将鸭血放入砂锅中，加入葱花、姜丝、青椒、红椒和泡椒，放入适量盐、酱油。

③ 煮熟后，加入少许葱花即可。

酸菜鸭血

⏰ 制作时间 **15** 分钟

材料 泡菜 50 克，鸭血 500 克

调料 红椒段、葱段、盐、料酒、花椒粉各适量

做法

① 鸭血冲洗干净切块。

② 水烧开，倒入鸭血块，大火烧开，再加入泡菜、红椒段、葱段小火焖煮 5 分钟。

③ 调入花椒粉、料酒、盐，调味即可出锅。

姜葱焖鸭血

⏰ 制作时间 **10** 分钟

材料 鸭血 400 克

调料 盐、酱油、料酒、葱、姜、红椒各适量

做法

① 鸭血洗净，切块；葱洗净，切段；姜洗净，切片；红椒洗净，切圈。

② 锅中注油烧热，放入鸭血稍滑炒后，注入清水，再放入葱段、姜片、红椒一起焖煮。

③ 煮至熟后，加入盐、酱油、料酒调味，起锅装盘即可。

美味剁椒鹅肠
制作时间 17 分钟

材料 鹅肠 400 克，剁椒 100 克

调料 盐 3 克，醋 8 克，酱油 10 克，葱少许

做法

① 鹅肠洗净切段，将鹅肠下入沸水中烫至卷起时，捞出盛入碗中；葱洗净，切花。

② 油锅烧热，下入剁椒炒香，再加盐、醋、酱油调味后，起锅淋在鹅肠上，并撒上葱花即可。

双椒淋鹅肠
制作时间 13 分钟

材料 鹅肠 400 克，剁辣椒 100 克

调料 盐 3 克，味精 1 克，醋、酱油、葱、鲜花椒各少许，鲜汤适量

做法

① 鹅肠洗净切段，将鹅肠下入沸水中烫至熟软后，捞出装入碗中；葱洗净，切花。

② 油锅烧热，将鲜花椒与剁辣椒炒香，加入葱花以外的调味料，并加入鲜汤烧沸，倒在鹅肠上，撒上葱花即可。

水豆豉拌鹅肠
制作时间 13 分钟

材料 水豆豉 100 克，鹅肠 300 克，黄瓜 50 克

调料 盐、醋、酱油、蒜末、葱花各适量

做法

① 鹅肠洗净切段；黄瓜洗净切片。

② 锅内注水烧热，放入鹅肠煮熟后，捞起沥干装入盘中。

③ 再加入水豆豉、盐、醋、酱油、蒜末拌匀，撒上葱花，黄瓜摆盘边即可。

蛤蜊蒸水蛋

⏰ 制作时间 **15 分钟**

材料 蛤蜊 250 克，鸡蛋 3 个

调料 盐 3 克，葱、红椒各 15 克，料酒适量

做法

1. 蛤蜊治净，用盐、料酒腌渍一会儿备用；葱洗净，切花；红椒去蒂洗净，切粒。

2. 鸡蛋去壳打散，加少许盐、油、适量清水拌匀，入锅蒸熟后，取出。

3. 锅入水烧开，加盐，放入蛤蜊汆熟后，捞出沥干，摆在蒸水蛋上，撒上红椒粒、葱花即可。

外婆菜炒鸡蛋

制作时间 8分钟

材料 外婆菜50克，鸡蛋3个

调料 盐3克，葱15克，干红椒10克

做法

① 外婆菜洗净，切末；鸡蛋磕入碗中，搅匀；葱洗净，切葱花；干红椒洗净，切段。

② 油锅烧热，下鸡蛋炒至八分熟，再入外婆菜、干红椒同炒片刻。

③ 调入盐炒匀，撒上葱花即可。

木耳炒鸡蛋

制作时间 10分钟

材料 鸡蛋4个，水发木耳20克

调料 香葱5克，盐3克

做法

① 鸡蛋打入碗中，加少许盐搅拌均匀；水发木耳洗净，撕成小片；香葱洗净，切花。

② 锅中加油烧热，下入鸡蛋液炒至凝固后，盛出；原锅再加油烧热，下入木耳炒熟后，加盐调味，再倒入鸡蛋炒匀，加葱花即可。

肉末蒸水蛋

制作时间 15分钟

材料 咸蛋、皮蛋、鸡蛋各1个，猪肉50克

调料 盐、生抽、红椒末、葱花各适量

做法

① 咸蛋、皮蛋均去壳，切块备用。

② 猪肉洗净，切成末，加盐、生抽拌匀备用。

③ 鸡蛋磕入碗中，加温水和盐搅匀，放入肉末，入锅蒸3分钟取出，放上咸蛋、皮蛋、红椒末，再蒸2分钟，撒上葱花，淋上熟油和生抽即可。

酸豇豆煎蛋

⏱ 制作时间 **10 分钟**

材料 青椒、红椒、酸豇豆各 50 克，鸡蛋 100 克
调料 盐 3 克

做法

① 青椒、红椒、酸豇豆均洗净，切粒；鸡蛋磕入碗中，加盐、青椒、红椒和酸豇豆拌匀。

② 油锅烧热，倒入拌好的鸡蛋液煎成饼状，装盘即可。

豇豆煎蛋

⏱ 制作时间 **8 分钟**

材料 豇豆 200 克，鸡蛋 4 个，红辣椒 2 只
调料 盐 5 克，胡椒粉 3 克，香油 10 克

做法

① 先将豇豆洗净，切成细末；红辣椒洗净切成末；鸡蛋打散，放入少许盐调匀，备用。

② 水烧热，加入盐、胡椒粉，将切好的豇豆末、红椒末过水，捞起，和鸡蛋一起拌匀。

③ 将平底锅烧热，放少许油，将已拌匀的鸡蛋液倒入锅内煎熟，最后，淋入香油。

皮蛋拌折耳根 ⏰ 制作时间 15 分钟

材料 折耳根 120 克，皮蛋 100 克

调料 红椒、生抽、香油、盐、香菜各 3 克

做法

① 折耳根洗净切段，用盐腌，再洗净盛盘。

② 皮蛋洗净，去壳，切成小瓣，放在折耳根旁；红椒洗净，切圈；香菜洗净。

③ 油锅烧热，入红椒炒香，下盐、生抽、香油调成味汁，淋在折耳根上，放上香菜即可。

皮蛋日本豆腐 ⏰ 制作时间 10 分钟

材料 皮蛋 120 克，日本豆腐 80 克

调料 红椒、蒜蓉、红油各 10 克，盐、味精各 3 克

做法

① 皮蛋洗净，去壳，切成小瓣，盛入盘中；红椒洗净，切碎。

② 日本豆腐洗净，切成象棋块，摆在皮蛋周围，上锅中蒸熟后，取出。

③ 油锅烧热，下红椒末、蒜蓉炒香，加盐、味精、红油调味，淋在皮蛋、日本豆腐上即可。

姜汁红椒皮蛋

⏰ 制作时间
6分钟

材料 皮蛋150克，姜25克，青椒、红椒各15克
调料 盐3克，醋、白糖、酱油各10克
做法
①皮蛋洗净，去壳，切成小瓣；姜洗净，切成碎末；青椒、红椒洗净切片，焯一下水。
②油锅烧热，下姜末炒香，入盐、醋、白糖、酱油调成味汁。将皮蛋摆入盘中，上面放上青椒、红椒片，淋上味汁即可。

皮蛋炒辣椒

⏰ 制作时间
6分钟

材料 皮蛋4个，青椒、指天椒、鱼干各20克
调料 鸡精、盐各适量
做法
①鱼干洗净，沥水，用油炸香捞出。
②皮蛋去壳，洗净切小块；青椒、指天椒洗净切块；将水300克加鸡精、盐兑成调味汁。
③锅中下油烧热，下青椒、指天椒炒香，再下皮蛋、鱼干炒匀，下调味汁炒至汁干即可。

剁椒皮蛋

⏰ 制作时间
13分钟

材料 皮蛋200克，鸡腿菇100克，剁椒适量
调料 盐3克，生抽5克，红油8克，香菜少许
做法
①皮蛋洗净，去壳后切成小瓣；鸡腿菇洗净，改刀，入沸水焯熟后捞出；香菜洗净。
②将皮蛋、鸡腿菇装盘，剁椒入锅炒香后放入盘中。用盐、生抽、红油调成味汁，均匀淋在皮蛋、鸡腿菇上，撒上香菜即可。

水产海鲜

秘制鱼头

⏱ 制作时间 **80分钟**

材料 鱼头500克，尖椒少许，红甜椒100克

调料 盐3克，酱油12克，醋8克，味精2克，料酒10克，香油适量

做法

1. 鱼头治净，用盐、味精、酱油、料酒、醋拌匀成汁腌渍30分钟；红甜椒洗净，切片；尖椒洗净，切丁。

2. 将腌渍入味的鱼头装入碗中，撒上尖椒丁，再盖上红甜椒片，放入蒸锅中蒸35分钟。

3. 取出淋上香油即可食用。

黄剁椒蒸鱼头

⏰ 制作时间 **90分钟**

材料 鱼头500克，黄剁椒60克

调料 盐、酱油、料酒、醋、葱、香油各适量

做法

❶ 鱼头治净，剖开后，用盐、酱油、料酒、醋拌匀腌渍40分钟；葱洗净，切末。

❷ 将腌渍入味的鱼头放入盘中，铺上黄剁椒，淋上香油，放入蒸锅中蒸30分钟。

❸ 取出，撒上葱末即可。

双味鱼头

⏰ 制作时间 **65分钟**

材料 鱼头500克，剁椒、泡椒、蔬菜面各适量

调料 盐3克，味精2克，酱油10克，料酒5克，醋12克

做法

❶ 鱼头洗净，一剖为二；蔬菜面煮熟，捞起。

❷ 将鱼头用盐、味精、酱油、料酒、醋腌渍30分钟，再装入盘中，在两边分别放上剁椒与泡椒。再放入蒸锅中蒸30分钟，取出后放上蔬菜面，拌匀即可食用。

千岛湖鱼头

⏰ 制作时间 **50分钟**

材料 鱼头1000克，红柿子椒适量

调料 葱、姜片、蒜、盐、水淀粉、白糖、烧酒、辣酱各适量

做法

❶ 鱼头洗净；葱、蒜洗净切丁，与烧酒、盐混合腌渍鱼头；红柿子椒洗净切成丝备用。

❷ 油烧热，鱼头煎至金黄色；原锅放入葱姜蒜煸炒，加入辣酱、白糖，倒入水烧开再放入鱼头，用中火炖熟。用水淀粉勾芡，装盘撒上葱花、红柿子椒丝即可。

奇香鱼头

制作时间 **18 分钟**

材料 鳙鱼头 1 个

调料 剁椒、野山椒、榨菜、香油各少许，葱花适量

做法

① 鳙鱼头治净，剖成两半。

② 榨菜洗净，切成粒；野山椒洗净切成粒。

③ 剁椒、野山椒、榨菜粒拌匀，淋在鱼头上蒸至鱼头熟，出笼后在鱼头上浇上香油，撒上葱花即可。

酱椒鱼头

制作时间 **25 分钟**

材料 鱼头 1 个，酱辣椒 100 克

调料 料酒、醋、酱油、香油各 15 克，葱、盐、味精各 3 克

做法

① 鱼头治净，一边剖开，一边连着，放盐、料酒、

醋腌 15 分钟；酱辣椒切段；葱洗净，切末。

② 将鱼头放入盘中，撒酱辣椒、葱花，淋上盐、味精、酱油、香油调成的味汁，放入锅中蒸熟即可。

双椒小黄鱼

⏰ 制作时间
15分钟

材料 小黄鱼500克，黄椒、红椒各适量

调料 盐3克，味精1克，酱油10克，醋5克，蒜20克

做法

① 小黄鱼治净；蒜去皮洗净；黄椒、红椒洗净，切圈。

② 锅中注油烧热，以小火将黄鱼炸至金黄色，再放入红椒、黄椒、蒜炒匀。

③ 再倒入酱油、醋炒至熟后，加入盐、味精调味，起锅装盘即可。

小葱黄鱼

⏰ 制作时间
25分钟

材料 黄鱼400克，红椒适量

调料 盐3克，料酒、葱、干面粉各适量

做法

① 黄鱼去头，治净沥干，在其表面抹上一层盐、料酒和干面粉；葱洗净，沥干切段；红椒洗净，沥干切圈。

② 锅中注油烧热，下黄鱼炸至两面均呈金黄色，捞出沥油。另将葱段和红椒圈入热油中炸香，捞起撒在炸好的黄鱼上即可。

豆渣煨黄鱼

⏰ 制作时间 **28 分钟**

材料 黄鱼 400 克，豆渣粑 100 克

调料 盐、醋、酱油、红油、红椒、葱各少许

做法

① 黄鱼治净；豆渣粑切块；红椒洗净，切圈；葱洗净，切段。

② 油烧热，放入黄鱼煎至金黄色后，放入豆渣粑、红椒、葱炒匀。并加入醋、酱油、红油调味后，加水煮至熟，加入盐调味。

干锅黄鱼

⏰ 制作时间 **35 分钟**

材料 黄鱼 500 克

调料 盐、酱油、辣椒段、蒜头、辣酱、料酒、葱段、红油各适量

做法

① 黄鱼治净，用盐、酱油腌 15 分钟。

② 油烧热，放入黄鱼炸至两面微黄色捞出。

③ 锅留油，下辣酱炒香，再入黄鱼、蒜头、葱段、辣椒段，烹入料酒，加水，用大火烧开，加盐、红油调味，出锅装入干锅即可。

乡村炒野鱼

⏰ 制作时间 **15 分钟**

材料 野鱼 300 克，青椒、红椒各 50 克

调料 盐、酱油、料酒、红油各适量

做法

① 野鱼治净，用盐、料酒腌渍；青椒、红椒均去蒂洗净，切条。

② 油烧热，放入野鱼炸至酥脆后，捞出控油。再起油锅，入青椒、红椒炒香后，放入炸好的鱼，加盐、酱油、红油炒至入味后，装盘。

开屏武昌鱼

⏰ 制作时间 **35 分钟**

材料 武昌鱼 500 克

调料 盐、红油、豆豉、葱花、干红椒各适量

做法

① 武昌鱼治净，切片，摆盘；干红椒洗净，沥干切末。

② 锅中注油烧热，下豆豉、干红椒、葱花爆香，调入盐、红油炒匀，浇在武昌鱼上。

③ 将浇过味汁的武昌鱼入蒸锅中蒸熟即可。

鸿图展翅

⏰ 制作时间 **15 分钟**

材料 鲇鱼 300 克，黄瓜 200 克

调料 干辣椒 80 克，花椒 10 克，盐 6 克，味精 5克，胡椒粉少许，料酒 15 克，葱花适量

做法

① 将鲇鱼治净，改刀成鱼片，鱼头、鱼骨加盐，味精、料酒腌渍入味，氽熟摆盘待用。

② 鱼片浆好入沸水氽熟，摆在鱼骨上，周围摆上黄瓜片。油烧热，加入干辣椒、胡椒粉、花椒炝香，淋在鱼片上，撒上葱花即可。

酱椒醉蒸鱼

制作时间 16 分钟

材料 鱼400克，酱野山椒50克

调料 盐、酱油、豆豉、料酒、姜丝、鸡蛋清各适量

做法

1 鱼治净，切块，用盐、酱油、料酒腌渍，用鸡蛋清拌匀，放入蒸锅中蒸熟，盛盘。

2 锅中入油，放入酱野山椒、豆豉、姜丝大火炒香，加入酱油、料酒、盐调味，淋在蒸熟的鱼身上即可。

香辣鱼片

制作时间 12 分钟

材料 鱼肉400克，青椒、红椒末各适量

调料 盐、淀粉、料酒、红油、香油、豆豉各少许，葱段适量

做法

1 鱼肉洗净切片，加盐、料酒、淀粉腌渍。

2 油锅烧热，入豆豉炒香，下鱼肉炸至两面金黄，放入青椒、红椒末、葱段同炒，淋入红油、香油即可。

麒麟鳜鱼

制作时间 20 分钟

材料 活鳜鱼650克，火腿5克，香菇10克

调料 葱花、姜末、盐、味精、黄酒、胡椒粉各少许

做法

1 鳜鱼治净打花刀，摆盘；火腿、香菇均洗净切片，放在鱼身上。

2 将调料均匀地洒在鱼身上面即可。上锅蒸10分钟，然后将蒸好的原汁加入调味料勾成薄芡浇上去。

水煮活鱼

⏰ 制作时间 **12分钟**

材料 鲈鱼1条,泡椒50克,青椒、红椒各适量

调料 盐2克,料酒、生抽各10克,香菜少许

做法

① 鲈鱼治净,两面各剁若干花刀;青椒、红椒洗净,切圈;香菜洗净待用。

② 水烧开,放入鲈鱼烧8分钟,取出装盘。

③ 油锅烧热,下泡椒及青椒、红椒炒香,加入料酒、生抽,调入盐炒匀,将味汁浇在鲈鱼上,最后撒上香菜。

鱼跃福门

⏰ 制作时间 **18分钟**

材料 鲩鱼1条(约500克),芳香汁300毫升

调料 荔枝辣香料,葱花各适量

做法

① 鲩鱼治净,从背部进刀,砍成距离相等连刀块待用。

② 把鲩鱼浸入特制芳香汁里浸约10分钟,捞起,放入烧沸的白卤锅里浸4分钟,捞出摆盘。

③ 净锅下油,炒散荔枝辣香味料,淋在鱼身上,撒上葱花即可。

干锅带鱼

⏰ 制作时间 **30 分钟**

材料 带鱼块 600 克，青椒块少许

调料 盐 5 克，味精 2 克，胡椒粉 3 克，葱 20 克，姜 15 克，蒜 10 克

做法

❶ 葱择洗净，切段；姜去皮，切片；蒜去皮；带鱼

洗净后放入碗中，调入盐、葱段腌 15 分钟。

❷ 油烧热，放入腌好的带鱼块炸香，捞出沥油。

❸ 锅中留少许油，放入姜、蒜、葱和青椒块炒香，加入炸好的带鱼，调入盐、味精、胡椒粉炒入味，即可装入干锅中。

椒烧带鱼

⏰ 制作时间 **25 分钟**

材料 带鱼 350 克，茶树菇 150 克，青椒、红椒各少许

调料 盐、料酒、水淀粉、酱油、香菜、糖各少许

做法

❶ 带鱼治净，切段；茶树菇、香菜、糖洗净；青椒、红椒洗净，去籽切丝。

❷ 带鱼用盐、料酒略腌；将盐、糖、水淀粉、酱油调成味汁。油烧热，下带鱼煎至金黄色，放入茶树菇及青椒、红椒炒熟，浇上味汁调味，烧至汤汁浓稠，撒上香菜。

荷包黄颡鱼

🕐 制作时间
30分钟

材料 黄颡鱼600克，鸡蛋2个

调料 料酒适量，姜、蒜各10克，鲜汤适量

做法

①鸡蛋煎成荷包蛋，姜、蒜剁碎。

②黄颡鱼宰杀洗净，炸至金黄。

③锅留底油，下姜蒜炝锅，下入黄颡鱼，烹料酒，加鲜汤调味，加入荷包蛋，用小火焖烧至汤浓、味鲜即可。

干锅鲫鱼

🕐 制作时间
17分钟

材料 鲫鱼2条

调料 料酒、盐、胡椒粉、酱油、醋、白糖、红油、干辣椒段、葱片、姜末、蒜各适量

做法

①鲫鱼治净，打花刀，用料酒、盐、酱油腌渍。

②油烧热，放入鲫鱼煎至两面金黄色，盛出。

③锅中再烧油，放入葱片、姜末、蒜、干辣椒段炒香，再放入鱼，调入胡椒粉、醋、白糖、红油、盐，使鱼入味，转入干锅中即可。

干锅鱼杂

⏰ 制作时间 **10 分钟**

材料 鱼杂 400 克

调料 盐、醋、料酒、红椒、葱、蒜、红油老抽各适量

做法

① 鱼杂治净，加料酒码味；葱洗净，切段；蒜去皮洗净，切碎；红椒去蒂洗净，切圈。

② 油烧热，入红椒、蒜炒香后，放入鱼杂翻炒至五成熟，加盐、老抽、红油、醋调味。

③ 加适量清水焖一会，盛入干锅，撒上葱段即可。

美极回头鱼

⏰ 制作时间 **13 分钟**

材料 鲜回头鱼 500 克，酱辣椒米 50 克，泡椒米 30 克

调料 盐、味精、麻油、生抽、美极酱油、料酒、姜末、葱花、蒜末各适量

做法

① 将回头鱼治净，切成薄片，放入酱辣椒米，泡椒米，抹上盐、味精、料酒、姜末、蒜末、美极酱油、生抽。

② 回头鱼放入盘中，放入蒸笼蒸 8 ~ 10 分钟。

③ 去掉蒸烂的姜末，淋上麻油，撒上葱花拿出即可。

沸腾鱼片

制作时间
16分钟

材料 鲩鱼1条,黄豆芽15克

调料 料酒、盐、干辣椒段、花椒各适量

做法

① 鲩鱼治净,改刀成片,用盐、料酒腌渍。

② 黄豆芽择洗干净,炒入味垫底。

③ 将鱼片入沸水锅汆熟,铺在黄豆芽上。

④ 另锅下油,下入干辣椒段、花椒炸至香味浓郁,倒入盛有鱼片的器皿内即可。

辣子鱼

制作时间
25分钟

材料 生鱼500克

调料 盐6克,豆瓣5克,胡椒粉3克,高汤适量,葱10克,姜、干辣椒各15克

做法

① 生鱼治净,斩成块状;姜洗净切片;葱洗净切花。

② 烧锅下油,待油热时放入鱼块煎香,加入盐、豆瓣、干辣椒、姜片,注入高汤煨煮熟透,入味收汁,撒上胡椒粉、葱花即成。

湘味火焙鱼

制作时间
15分钟

材料 小火焙鱼400克,蒜薹120克,小红椒30克

调料 盐、辣椒粉6克,香油5克

做法

① 将火焙鱼入七成油温中炸至酥软;蒜薹洗净切段;小红椒洗净切圈。

② 锅中留少许油,放入小红椒圈、蒜薹炒香,下入炸好的火焙鱼稍炒。

③ 加入调味料调味即可。

香酥小鲫鱼

⏰ 制作时间 **25 分钟**

材料 小鲫鱼 350 克

调料 盐、酱油、水淀粉、葱、辣椒各少许

做法

① 小鲫鱼治净，用盐、酱油腌 15 分钟，裹上水淀粉；葱、辣椒洗净，切末。

② 锅置火上，放油烧至六成热，放辣椒炸香，下入小鲫鱼，大火炸至两面呈金黄色。

③ 放盐、酱油调味，撒上葱花，出锅即可。

湘酥嫩子鱼

⏰ 制作时间 **25 分钟**

材料 小鱼 400 克

调料 盐、味精、生抽、葱、辣椒、姜片各适量

做法

① 小鱼治净，用盐、味精、生抽腌渍 15 分钟；葱、辣椒洗净切末。

② 油烧热，下入小鱼，大火炸至熟，盛出。

③ 油锅再烧热，下入葱、辣椒、姜片炸香，放盐、味精调味，淋在鱼身上即可。

橙香凤尾鱼

⏰ 制作时间 **20 分钟**

材料 凤尾鱼 300 克

调料 盐、酱油、胡椒粉、料酒、橙汁各适量

做法

① 凤尾鱼治净，用盐、酱油、胡椒粉、料酒抹匀。

② 将凤尾鱼放入烤箱中烤 15 分钟，取出。

③ 食用时淋上橙汁即可。

爆炒鱼子

⏰ 制作时间 12分钟

材料 鱼子400克，红椒50克

调料 盐4克，味精2克，鸡精2克，姜10克，蒜10克

做法

1 姜去皮切米；蒜剥皮切成米；红椒去蒂去籽切碎备用。

2 锅上火，油烧热，将鱼子放入，炸至金黄色，捞出备用。另锅上火，加入少许油烧热，放入红椒碎、姜、蒜米炒香，放入鱼子，调入调味料入味即成。

乡情墨鱼仔

⏰ 制作时间 20分钟

材料 墨鱼仔600克，粉丝、五花肉各200克

调料 剁椒、盐、味精各适量

做法

1 龙口粉丝涨发好，放在盘中垫底；五花肉洗净斩蓉，调入盐、味精制成馅；墨鱼仔洗净焯水备用。

2 将肉蓉塞入墨鱼仔内，放在粉丝上，铺以剁椒蒸熟即可。

干烧鱼唇

制作时间
15 分钟

材料 水发鱼唇 150 克，白萝卜适量

调料 盐、豆豉、干辣椒、鸡精、青椒、红椒丁各少许

做法

① 鱼唇泡发洗净，汆水；豆豉洗净；干辣椒、白萝卜洗净，均切段。

② 油烧热，放入豆豉、干辣椒、青椒、红椒丁爆炒，加入鱼唇和白萝卜翻炒。

③ 调入盐、鸡精，起锅装盘即可。

蒜烧鲇鱼

制作时间
27 分钟

材料 鲇鱼 600 克

调料 盐、料酒、红油、辣椒油、水淀粉各 10 克，大蒜 100 克

做法

① 鲇鱼治净，打上刀花，加盐和料酒腌渍去腥味；蒜去皮，洗净。

② 油烧热，加入蒜爆香，放入鲇鱼稍煎，注入适量清水、料酒烧煮至熟。调入盐、红油、辣椒油稍焖，加水淀粉勾芡，起锅装盘。

红满三湘

制作时间
30 分钟

材料 鲫鱼 500 克，红椒 10 克

调料 葱花、盐、料酒、醋各适量

做法

① 鱼治净，剁下鱼头、鱼尾，鱼身切片，用盐、料酒腌渍；红椒洗净，切碎。

② 热锅加油，放红椒爆香，放入鱼肉、鱼头、鱼尾滑炒，烹入料酒、醋、盐，添适量水烹熟，把鱼头、鱼尾置于碗两端，盛上鱼片，撒上葱花即可。

炒甲鱼

⏰ 制作时间
25 分钟

材料 甲鱼 350 克，泡椒 100 克，竹笋 50 克

调料 盐、鸡精、红油、料酒、水淀粉各适量

做法

①甲鱼治净切块，加盐、料酒、水淀粉拌匀；竹笋洗净，切片。

②油烧热，放入甲鱼滑炒，捞出装盘；锅底留油，放入泡椒、竹笋爆炒，再加入甲鱼同炒至熟。调入盐、鸡精、红油调味，起锅装盘即可。

霸王别姬

⏰ 制作时间
40 分钟

材料 甲鱼 1 只，鱼丸、肉丸各适量

调料 盐 3 克，味精 1 克，酱油 15 克，料酒 12 克

做法

①甲鱼治净，砍成小块；鱼丸、肉丸用沸水煮熟后备用。

②油烧热，下甲鱼翻炒后，注水焖煮至熟后，加入盐、酱油、料酒煮至汤汁收浓。

③加入味精调味，起锅装盘，再将鱼丸、肉丸排于四周即可。

潇湘甲鱼

⏰ 制作时间
45 分钟

材料 甲鱼 500 克，青椒、红椒各 30 克

调料 盐、水淀粉、辣椒油、料酒、鸡汤各适量

做法

①将甲鱼治净，斩块，氽水，加盐、料酒、腌渍 10 分钟；青椒、红椒洗净，切段。

②热锅下油，下入青椒、红椒爆炒至香，下入甲鱼、辣椒油翻炒至五成熟，下入鸡汤煨至甲鱼熟，以水淀粉勾芡即可。

干煸泥鳅

制作时间
17 分钟

材料 泥鳅 400 克，芝麻 10 克

调料 盐 4 克，味精、鸡精各 2 克，干椒段、花椒各 10 克

做法

① 泥鳅治净备用。

② 油烧热，放入泥鳅，炸至焦干，捞出，沥干油分。锅内留少许底油，放入干椒段、花椒炒香，放入泥鳅，放入调味料、芝麻，炒匀入味即可。

洞庭小泥鳅

制作时间
15 分钟

材料 泥鳅 350 克，青椒、红椒各 50 克

调料 盐、料酒、酱油、醋各适量

做法

① 泥鳅治净，用盐、料酒、酱油、醋腌渍备用；青椒、红椒均去蒂洗净，切丁。

② 油烧热，入泥鳅炸至熟透后，捞出控油。锅留少许油，入青椒、红椒炒香后，放入泥鳅翻炒，加盐调味盛盘即可。

竹香泥鳅

制作时间
15 分钟

材料 泥鳅 500 克

调料 孜然、盐、姜末、干椒粉、葱花各适量

做法

① 泥鳅治净，沥干，用盐腌渍。

② 油烧热，放入泥鳅，炸至焦干，捞出备用。锅上火，炒香姜末、干椒粉，倒入泥鳅，调入盐、孜然，炒匀入味，撒上葱花出锅即可。

▌干锅香辣蟹

⏱ 制作时间
25分钟

材料 花蟹2只

调料 盐、味精、料酒、八角各5克，花椒3克，蒜20克，姜30克，葱段少许，干辣椒100克，火锅底料30克

做法

① 将蟹治净斩件；蒜洗净切片；姜去皮，切片。

② 锅上火，油烧热，放入蟹件稍炸，捞出沥油。

③ 锅中留少许油，放入姜、蒜、干辣椒和火锅底料炒香，加入蟹，调入盐、味精、料酒、八角、花椒炒入味，离火装入干锅中，撒上葱段即可。

▌家乡炒蟹

⏱ 制作时间
30分钟

材料 蟹350克

调料 盐、酱油、葱、姜片、料酒、红油各10克

做法

① 蟹治净，切块，加盐、酱油腌20分钟；葱洗净，切成小段。

② 炒锅上火，注油烧至三成热，加入姜片、蟹，炒至蟹壳成火红色。

③ 再倒入料酒、红油、盐、葱调味，翻炒均匀，盛入盘中即可。

红椒炒蟹

制作时间 **42 分钟**

材料 蟹 450 克

调料 白酒 15 克，姜片、料酒、红油、盐各 3 克，干红椒 80 克

做法

① 蟹加白酒，待蟹醉后治净斩块；干红椒洗净，切段。

② 炒锅上火，注油烧至三成热时，放入干红椒炒出香味，加入姜片、蟹炒至火红色。

③ 倒入料酒、红油、盐翻炒匀即可。

辣酒煮闸蟹

制作时间 **15 分钟**

材料 蟹 2 只

调料 盐 5 克，花雕酒 30 克，姜、葱、酱油各 10 克，干辣椒 20 克，枸杞 10 克，蒜 5 克

做法

① 将蟹治净，斩块，蟹脚拍松；枸杞泡水；葱洗净切花；姜、蒜去皮洗净，切末。

② 将花雕酒倒入锅中，加入酱油，放入蟹、干辣椒、枸杞煮 6 分钟。

③ 加葱、姜、蒜煮 4 分钟，调入盐即可。

泡椒小炒蟹

制作时间 **28 分钟**

材料 蟹 350 克，泡椒 80 克，芹菜 10 克

调料 红油、蚝油各 10 克，盐 3 克，料酒 8 克，香菜、葱各 10 克

做法

① 蟹治净斩块；泡椒、香菜洗净；葱洗净切丝；芹菜洗净切段。

② 油锅烧热，泡椒、芹菜爆香，放入蟹块炒 3 分钟，放入红油、蚝油、盐、料酒、水翻炒，烧至汁干，撒上葱丝、香菜即可。

姜葱香辣蟹

⏰ 制作时间 **30 分钟**

材料 蟹 250 克，红椒片适量

调料 白酒、料酒、红油各 10 克，盐 3 克，葱、姜片各适量

做法

① 蟹加白酒，待蟹醉后治净斩块；葱洗净，切段。

② 油锅烧热，放入红椒炒香，加姜片、蟹，炒至蟹壳成火红色，倒入料酒、红油、盐调味，翻炒均匀，撒上葱段即可。

私家辣龙须

⏰ 制作时间 **18 分钟**

材料 鱿鱼须 400 克，青椒、红椒各 20 克

调料 盐 3 克，鸡精 2 克，醋、红油各适量

做法

① 鱿鱼须治净，汆水，沥干；青椒、红椒洗净，部分切丝，其余切圈摆盘。

② 锅下油烧热，放入鱿鱼滑炒，调入盐、鸡精、醋、红油，炒至熟透起锅装盘，青椒、红椒丝用油炒香后点缀即可。

干锅鱿鱼须

⏰ 制作时间 **13 分钟**

材料 鱿鱼须 300 克，生菜 50 克，青椒、红椒各适量

调料 盐 3 克，酱油、麻油各 5 克，料酒 10 克

做法

① 鱿鱼须治净切段；生菜洗净铺盘底；青椒、红椒洗净，切圈。

② 油锅烧热，下鱿鱼须煸炒至金黄色，放入青椒、红椒同炒至熟，加料酒、盐、酱油、麻油，炒匀即可盛入装生菜的盘中。

辣爆鱿鱼丁

⏰ 制作时间
16分钟

材料 鱿鱼1条，青椒、红椒各30克，干红椒10克

调料 盐5克，味精2克，鸡精2克，红油10克

做法

① 将鱿鱼治净切成丁，放入油锅中滑散备用。

② 将青椒、红椒去籽洗净切块；干红椒切段备用。

③ 锅上火，油烧热，爆香青椒、红椒和干红椒，放入鱿鱼丁炒匀，加入盐、味精、鸡精、红油炒匀入味即可。

铁板鱿鱼筒

⏰ 制作时间
40分钟

材料 鱿鱼5条，洋葱丝15克

调料 沙拉酱20克，海鲜酱15克，黑胡椒粉15克，味精3克，卤水1000克，葱末10克

做法

① 鱿鱼治净余水，取出后卤30分钟，改刀。

② 油锅烧热，放入洋葱丝和葱末煸炒出香味，加入沙拉酱、海鲜酱、黑胡椒粉、味精调成汁备用。

③ 取一铁板烧至九成热，将切好的鱿鱼放于铁板上，浇上调好的汁上桌，撒上葱末。

剁椒蒸牛蛙

⏱ 制作时间 **15分钟**

材料 牛蛙200克，剁辣椒30克

调料 味精10克，生粉10克，胡椒粉少许，姜10克，葱1根

做法

① 牛蛙治净，斩件；姜洗净切米；葱洗净切花。

② 牛蛙与剁辣椒、味精、生粉、姜米拌匀，摆入碟内。

③ 将牛蛙碟装入蒸锅，用大火蒸7分钟取出，加胡椒粉，下油锅翻炒几下，加入葱花即成。

火爆牛蛙

⏱ 制作时间 **12分钟**

材料 牛蛙350克，土豆150克，青椒50克

调料 盐、酱油、料酒、红油、蒜各适量

做法

① 牛蛙治净切块；土豆去皮洗净，切片；青椒去蒂洗净，切片；蒜洗净，切段。

② 起油锅，放入牛蛙翻炒片刻后，再放入土豆、青椒同炒，加盐、酱油、料酒、红油炒至入味，稍微加点水烧至汤汁变浓，入蒜翻炒片刻，盛盘即可。

啤酒牛蛙

制作时间 50 分钟

材料 牛蛙 500 克，干红辣椒 150 克，啤酒 100 克
调料 料酒、姜、泡椒、盐、香菜、胡椒粉各适量

做法

① 牛蛙治净斩块，用盐、胡椒粉、料酒上浆码味；干红辣椒切块；姜去皮，切片。

② 牛蛙下油锅滑炒至断生。再下油烧热，下姜、泡椒炒香，牛蛙回锅，烹入料酒、啤酒；起锅放入少许香菜即可。

泉水牛蛙

制作时间 30 分钟

材料 牛蛙 400 克，黄瓜 200 克，泡椒 50 克
调料 盐 3 克，花椒 5 克，酱油、醋、红油各适量

做法

① 牛蛙治净备用；黄瓜去皮洗净，切条。

② 锅下油烧热，下花椒爆香，放入牛蛙滑炒片刻，放入黄瓜、泡椒翻炒，调入盐、酱油、醋、红油炒匀，加适量水煮熟出锅即可。

小炒牛蛙

制作时间 22 分钟

材料 牛蛙 500 克，红椒少许
调料 盐 5 克，鸡精 2 克，酱油、红油、香油、蒜、姜、紫苏、葱适量

做法

① 红椒去蒂去籽，蒜、姜去皮，均洗净切片；紫苏洗净切末；葱洗净切段。

② 牛蛙治净切件，入油锅炸至金黄色。

③ 炒香红椒、蒜、姜、紫苏末，放入牛蛙炒香，调入所有调味料，加入葱段炒匀。

池塘三鲜

⏰ 制作时间 **25分钟**

材料 鳝鱼、田螺、草鱼肉、青椒、红椒各适量
调料 老抽、料酒各20克，盐3克，葱段25克

做法

① 鳝鱼治净切段，打花刀；草鱼肉洗净，切块；田螺洗净，煮熟待用；青椒、红椒均洗净切段。

② 油锅烧热，下鳝鱼、草鱼爆炒，加入料酒、老抽、田螺同炒，注入适量清水烧开，加入青椒、红椒同煮，加盐调味，撒上葱段。

酱爆香螺

⏰ 制作时间 **15分钟**

材料 香螺400克，青椒、红椒各20克
调料 盐3克，味精2克，酱油、醋各适量

做法

① 香螺治净；青椒、红椒均去蒂洗净，切片。

② 锅内加油烧热，放入香螺翻炒至变色后，加入青椒、红椒炒匀。

③ 炒至熟后，加盐、味精、酱油、醋调味，起锅装盘即可。

红椒炒鲜贝

⏰ 制作时间 **12 分钟**

材料 蛤蜊、蛏子各 200 克，红椒 50 克

调料 料酒、盐、鸡精、葱花各适量

做法

1 将蛤蜊、蛏子均治净；红椒洗净，切丁。

2 净锅上火，注油烧热，下红椒爆香，倒入蛤蜊、蛏子炒熟，烹入料酒调味。

3 最后加入葱花、盐和鸡精炒匀，起锅装盘。

剁椒一品鲜

⏰ 制作时间 **12 分钟**

材料 蛤蜊、蛏子各 200 克，红椒 100 克

调料 料酒、盐、鸡精各适量，葱花 50 克

做法

1 将蛤蜊、蛏子均治净，入开水锅中汆水至七成熟，捞出沥干待用；红椒洗净，切丁。

2 净锅上火，注油烧热，下入蛤蜊和蛏子翻炒，再倒入红椒同炒至熟，淋入少许料酒调味。

3 最后加入葱花、盐和鸡精炒匀，起锅装盘。

▌香爆蛏子

⏰ 制作时间 **12 分钟**

材料 蛏子 450 克，青椒、红椒各 100 克

调料 料酒 15 克，水淀粉 10 克，盐 3 克

做法

❶ 蛏子治净，汆水；青椒、红椒洗净，切丁。

❷ 锅中加少许油烧至七成热，倒入蛏子爆炒，加料酒炒入味，再加入青椒丁、红椒丁同炒至熟，加少许盐调味，最后淋入适量水淀粉勾芡即可。

▌毛峰锤虾片

⏰ 制作时间 **20 分钟**

材料 虾 500 克，毛峰茶少许

调料 盐 4 克，料酒 15 克

做法

❶ 虾治净，用盐、料酒腌渍，一部分虾用刀背锤成虾片备用。

❷ 起锅烘香毛峰茶，放入虾片翻炒，待茶香飘出，加水炒匀，加盖焖至熟，装盘。

❸ 油锅烧热，放入另一部分虾炸好，装盘。

▌豆豉串串虾

⏰ 制作时间 **18 分钟**

材料 虾 380 克，青椒、红椒各适量

调料 盐、豆豉、熟芝麻、红油、白酒各适量

做法

❶ 虾治净，用白酒腌渍，用竹签穿起；青椒、红椒洗净切圈。

❷ 油锅烧热，下虾炸至金黄色，捞出沥油。

❸ 另起油锅，下豆豉、青椒、红椒炒香，调入红油和盐炒匀，撒上芝麻，倒在虾上。

农家酱油虾

⏰ 制作时间
20 分钟

材料 虾300克

调料 盐3克，蒜5克，酱油、醋各适量，干辣椒5克

做法

①虾治净；蒜去皮洗净，切丁；干辣椒洗净，切段。

②热锅入油，放入蒜蓉、干辣椒爆香，放入虾爆炒至金黄色，烹入酱油、醋、盐，炒匀即可。

风味草虾

⏰ 制作时间
25 分钟

材料 草虾300克，青椒、红椒、洋葱各适量

调料 盐、醋、红油、酱油、料酒各适量，酸豆角少许

做法

①草虾剪去须脚治净，用盐、醋、酱油、红油、料酒拌匀后摆盘，入蒸锅蒸熟后取出。

②酸豆角、洋葱、青椒、红椒均洗净，切粒。

③热锅下油，入酸豆角、青椒、红椒、洋葱炒匀，加少许盐调味，炒至断生，盛入盘中的虾上即可。

酸辣芋粉鳝

🕐 制作时间 **18分钟**

材料 魔芋粉丝 200 克，鳝鱼 250 克

调料 盐、味精各 3 克，酱油、红油、辣椒、葱各 15 克

做法

① 魔芋粉丝用水泡软；鳝鱼治净，切段；辣椒洗净，剁碎；葱洗净，切末。

② 油锅烧热，下入辣椒爆香，放入鳝段，大火煸炒 3 分钟。

③ 放入魔芋粉丝，加水焖煮至熟，放盐、味精、酱油、红油调味，撒上葱末盛盘即可。

双椒马鞍鳝

🕐 制作时间 **12分钟**

材料 青椒、红椒各 35 克，鳝鱼 300 克

调料 盐、味精各 3 克，辣椒油、葱各 10 克

做法

① 鳝鱼治净切段；青椒、红椒洗净，切圈；葱洗净，切段。

② 油锅烧热，下鳝段炸至皮缩肉翻，捞出，沥油。

③ 油锅再烧热，下入青椒、红椒爆香，放鳝段炒匀，加入葱段、盐、味精、辣椒油调味。

红油鳝鱼

⏰ 制作时间 **14 分钟**

材料 鳝鱼 300 克

调料 盐 3 克，酱油、红油、白酒各适量

做法

① 鳝鱼治净，切片，用盐、白酒腌渍。

② 热锅下油，放入鳝鱼煸炒至五成熟后，加盐、酱油、红油调味。

③ 加适量水烧至熟透后，起锅装盘即可。

爆螺肉

⏰ 制作时间 **12 分钟**

材料 螺肉、鹅肠各 150 克，黄瓜、胡萝卜各适量

调料 葱 10 克，盐 3 克，青椒丝、红椒丝、酱油、料酒各适量

做法

① 螺肉洗净，切片；鹅肠治净，切段；黄瓜、胡萝卜均洗净，切片；葱洗净，切段。

② 起油锅，入螺肉、鹅肠翻炒至五成熟后，加盐、酱油、料酒调味，快熟时，放入青椒丝、红椒丝、葱段略炒，盛盘。

③ 黄瓜片、胡萝卜片焯水，捞出沥干，摆盘。

银粉鳝丝

⏰ 制作时间 **12分钟**

材料 鳝鱼300克，粉丝适量，红椒20克

调料 盐3克，料酒、红油、酱油各适量，葱20克

做法

❶ 将鳝鱼治净，切丝；粉丝泡发洗净；葱、红椒均洗净，切段。

❷ 热锅下油，入鳝丝略炒，加盐、料酒、红油、酱油调味，加适量清水，放入粉丝一起煮至熟透，起锅撒上葱段、红椒。

辣味鳝鱼钵

⏰ 制作时间 **22分钟**

材料 鳝鱼250克，腊肉50克，蒜薹、红椒各10克

调料 盐4克，蚝油10克，香油20毫升，姜末8克

做法

❶ 将鳝鱼治净切成10厘米长条；腊肉切片；蒜薹洗净切段；红椒洗净切成斜刀块。

❷ 油锅烧热，放入鳝鱼炸干捞出。

❸ 烧锅入油，将姜末、蒜薹、红椒炒香，倒入鳝鱼和腊肉，调入盐、蚝油，淋香油出锅即可。

蒜香炒鳝丝

⏰ 制作时间 **17分钟**

材料 鳝鱼250克，蒜薹200克，茶树菇100克

调料 红椒、盐、酱油、醋、水淀粉各适量

做法

❶ 鳝鱼治净切丝；蒜薹洗净切段；茶树菇泡发洗净，切段；红椒去蒂洗净，切条。

❷ 热锅下油，下鳝鱼翻炒，放入蒜薹、茶树菇、红椒同炒，加盐、酱油、醋炒入味。

❸ 待熟，用水淀粉勾芡，装盘即可。

剁椒蒸豆干

制作时间 20分钟

材料 熏豆干250克，剁椒90克

调料 盐5克，鸡精3克，麻油15克，姜3克，葱1根

做法

① 熏豆干洗净切条，下油锅双面略煎，盛盘；姜洗净切丝；葱洗净切末。

② 把剁椒撒在豆干上，放入盐、鸡精拌匀，铺上姜丝，淋数滴麻油，把码好的材料放在蒸锅中蒸10分钟，出锅后撒上葱末。

豆豉蒸香干

制作时间 20分钟

材料 攸县香干300克，剁椒50克

调料 盐5克，豆豉5克，蒜泥10克，红油10克

做法

① 将攸县香干洗净切成片，装入盘中。

② 放入剁椒、豆豉、蒜泥、红油，调入盐，拌匀备用。

③ 蒸锅上火，放入香干，蒸约15分钟，至熟取出即可。

香干花生米

制作时间 10分钟

材料 香干150克，花生米250克

调料 葱10克，盐3克，味精5克，生抽8克

做法

① 香干洗净，切成小块，放入开水中烫熟；花生米洗净，用开水泡一下，撕去表皮；葱洗净，切成花。

② 油锅烧热，放入花生米炸熟，加入香干，加盐、味精、生抽调味，盛盘，撒上葱花。

白辣椒蒸香干

制作时间 **20分钟**

材料 香干、白辣椒各200克

调料 盐、味精、红椒、葱、酱油、香油各适量

做法

① 香干洗净，切片；红椒、葱洗净，切末；白辣椒洗净，切碎。

② 油锅烧热，下入白辣椒炒香，放盐、味精、酱油调味，盛盘。

③ 在白辣椒周围摆上香干，撒上葱花、红椒，淋上香油，入锅中蒸熟即可。

豆豉香干毛豆

制作时间 **12分钟**

材料 香干、毛豆仁各100克，红椒10克

调料 盐3克，味精2克，豆豉5克

做法

① 香干洗净，切丁；毛豆仁洗净；红椒洗净，切圈。

② 油锅烧热，下香干、豆豉爆炒，再放入毛豆仁、红椒翻炒至熟。

③ 出锅前加入盐、味精，炒匀即可。

红烧米豆腐

制作时间 **15分钟**

材料 豆腐300克，瘦肉适量，红椒少许

调料 盐、酱油、辣椒酱、湿淀粉、上汤、蒜、葱、姜各适量

做法

① 蒜切米，姜切末，红椒切碎，瘦肉切末。

② 豆腐切块，放入沸水中烫去腥味，捞出。

③ 油锅烧热，放入蒜米、姜末、红椒碎、瘦肉末炒香，加入上汤适量，放入米豆腐，调入调味料，煮沸，用少许湿淀粉水勾芡。

农家煮豆腐

⏱ 制作时间
22分钟

材料 豆腐 200 克，尖椒少许

调料 盐、味精、辣椒油、香油、姜末各适量

做法

① 豆腐洗净切块；尖椒洗净切圈。

② 油锅烧热，炒香尖椒，入豆腐块炸至两面脆黄，加盐、味精、辣椒油调味，加水煮开，加入姜末，淋香油，拌匀后盛起即可。

香辣豆腐泡

⏱ 制作时间
15分钟

材料 豆腐泡 400 克

调料 盐 5 克，味精 4 克，辣椒油 10 克，香菜 4 克，蒜 5 克，葱 3 克，高汤适量

做法

① 将豆腐泡放入高汤中，煮透后捞出沥干。

② 将香菜、蒜、葱均洗净，切成末，与其余调料一起拌匀。

③ 将拌好的味汁淋在煮好的豆腐泡上即可。

火宫臭豆腐

⏰ 制作时间
15分钟

材料 臭豆腐12块

调料 青葱、盐、胡椒粉、辣椒油、豆瓣酱汁各适量

做法

①青葱洗净，切葱花。

②盐、辣椒油、豆瓣酱汁混合均匀后撒葱花，制成臭豆腐蘸酱。

③臭豆腐一一入沸油锅中炸脆，捞起沥油，装盘，撒胡椒粉于臭豆腐表面，食用时配以制好的蘸酱即可。

香煎臭豆腐

⏰ 制作时间
22分钟

材料 臭豆腐350克

调料 盐、料酒、醋、辣椒酱、老抽、五香粉各适量

做法

①臭豆腐洗净。

②热锅下油，烧至六成热，下入臭豆腐，将两面均匀煎成黄色。

③煎好后放入辣椒酱、老抽、五香粉、料酒、醋、盐，稍焖煮一下，装盘即可。

剁椒蒸臭干

制作时间 25 分钟

材料 腊八豆 200 克，臭豆腐 500 克，剁椒 50 克

调料 盐 2 克，香油 3 克，姜、葱、蒜、红油各适量

做法

1. 臭豆腐切块，炸至外表起硬壳，装碗；姜去皮切片；蒜洗净切末；葱洗净切花。

2. 油锅烧热，下入姜末、蒜末、剁椒、腊八豆煸香，盖在臭豆腐上，加入盐上笼蒸 15 分钟，然后淋上香油，撒葱花。

椒香臭豆腐

制作时间 20 分钟

材料 臭豆腐 300 克，剁椒、青泡椒各 50 克

调料 生抽 10 克，香油 8 克，葱花、蒜末各适量

做法

1. 臭豆腐洗净，切成三角形块状；剁椒洗净切碎；青泡椒洗净切斜段。

2. 臭豆腐装盘，铺上剁椒、青泡椒，撒上蒜末，淋上生抽，入蒸锅蒸 15 分钟，取出。

3. 淋上香油，撒上葱花即可。

剁椒臭豆腐

制作时间 40 分钟

材料 臭豆腐 350 克，剁椒适量

调料 酱油、辣椒油、葱各适量

做法

1. 臭豆腐洗净；葱洗净，切成葱花。

2. 将臭豆腐装盘，铺上剁椒，上锅中蒸 30 分钟。

3. 淋入酱油、辣椒油，起锅前撒葱花即可。

蒜泥茄子

制作时间 **25分钟**

材料 茄子400克，白芝麻5克

调料 盐、辣椒酱、醋、红油、水淀粉各适量、蒜10克，葱5克

做法

① 茄子洗净切条，入沸水焯熟，捞出沥干；蒜去皮切末；葱洗净切花。

② 锅下油烧热，下蒜、白芝麻炒香，放入茄子滑炒，调入盐、醋、红油、辣椒酱炒匀，加水淀粉焖煮至熟，装盘撒上葱花。

双椒蒸茄子

制作时间 **20分钟**

材料 茄子250克，辣椒、泡椒各50克

调料 盐、味精各3克，酱油、豆豉各10克

做法

① 茄子洗净，去皮，切片；辣椒、泡椒洗净，剁碎。

② 将茄子装入盘中，撒上泡椒、辣椒，淋上盐、味精、酱油、豆豉调成的味汁。

③ 将盘子放入锅中，隔水蒸熟即可。

农家茄子

制作时间 **20分钟**

材料 茄子300克，青椒、红椒各30克

调料 盐3克，白醋适量

做法

① 茄子去皮洗净，切条；青椒、红椒均去蒂洗净，切粒。

② 锅入水烧开，加盐，放入茄子焯水后，捞出沥干，摆盘，淋适量白醋，撒上青椒粒、红椒粒，一起入蒸锅蒸熟即可。

双椒茄子

制作时间 18 分钟

材料 茄子 250 克，黄瓜 50 克，青椒、红椒各 30 克

调料 盐 3 克，鸡精 1 克

做法

① 茄子洗净，切块；黄瓜洗净，切片，摆盘；青椒、红椒均洗净，切片。

② 炒锅注油烧热，放入茄子煸炒至熟，放入青椒、红椒同炒。

③ 调入盐、鸡精调味，出锅装盘即可。

凤尾拌茄子

制作时间 17 分钟

材料 茄子 300 克，莴笋叶 50 克

调料 盐 3 克，醋 8 克，生抽 10 克，干辣椒少许

做法

① 茄子洗净，切条；莴笋叶洗净，用沸水焯过后，排于盘中；干辣椒洗净，切斜圈。

② 锅内注油烧热，下干辣椒，再放入茄子条炸至熟，放入排有莴笋叶的盘中。

③ 用盐、醋、生抽调成汤汁，浇在茄子上。

风味茄丁

制作时间 10 分钟

材料 茄子 100 克，青豆 50 克，红椒适量

调料 盐、味精、辣椒油、香油各适量

做法

① 茄子、红椒洗净，切丁；青豆冲水。

② 炒锅入油烧热，加青豆翻炒至豆粒变软，再将茄子、红椒丁一起加入锅中拌炒。

③ 待茄子变熟软时，加各调味料调味，最后加少许水焖煮 2 分钟，起锅装盘即可。

粉丝蒸白菜

⏰ 制作时间 **15** 分钟

材料 粉丝 200 克，大白菜 100 克，枸杞 10 克

调料 盐 5 克，味精 3 克，蒜蓉 20 克，香油适量

做法

1️⃣ 粉丝洗净泡发；枸杞洗净；大白菜洗净切成大片。

2️⃣ 将大片的大白菜垫在盘中，再将粉丝、蒜蓉、枸杞、盐、味精置于大白菜上。

3️⃣ 将备好的材料入锅蒸 10 分钟，取出，淋上香油即成。

大展宏图

⏰ 制作时间 **10** 分钟

材料 心里美萝卜 250 克，洋葱及青椒、红椒各适量

调料 盐、酱油、醋、香油各适量

做法

1️⃣ 心里美萝卜去皮洗净，切块；洋葱洗净，切圈；青椒、红椒均去蒂洗净，切圈。

2️⃣ 锅置火上，注入适量清水烧开，分别将心里美萝卜、洋葱、青椒、红椒焯熟，捞出沥干水分，装盘。

3️⃣ 用盐、酱油、醋、香油拌匀即可。

红果山药

⏰ **制作时间** 13 分钟

材料 山药 300 克，山楂 200 克

调料 桂花蜂蜜 25 克，白糖 10 克

做法

① 山药去皮，洗净，切段，入锅蒸熟，放碗里捣成泥状，扣在盘中；山楂洗净去核，摆在山药旁。

② 热锅放白糖、桂花蜂蜜、少量水熬成浓稠汁，浇在山药和山楂上即可。

炒腐皮笋

⏱ 制作时间
16 分钟

材料 嫩竹笋肉200克，豆腐皮8张

调料 酱油、白糖、盐、味精各5克，水淀粉、香油各10克

做法

① 竹笋肉洗净后切斜刀块；豆腐皮洗净切成四方块。

② 烧热油，投入豆腐皮炸至金色；锅内留油，投入竹笋肉煸炒，加入盐、酱油、白糖，再放入豆腐皮炒匀，加入味精，用水淀粉勾薄芡拌匀，淋入香油即成。

莴笋香菇

⏱ 制作时间
15 分钟

材料 莴笋100克，鲜香菇、胡萝卜各80克

调料 盐、味精、生抽、香油各适量

做法

① 莴笋去皮洗净，切片；香菇洗净，切块；胡萝卜洗净，切片。将莴笋、香菇、胡萝卜放入沸水锅焯水后捞出。

② 油锅烧热，下入莴笋、香菇、胡萝卜同炒。调入盐、味精、生抽炒熟，起锅淋入香油即可。

陈醋娃娃菜

⏱ 制作时间
12 分钟

材料 娃娃菜400克，红椒圈适量

调料 白糖15克，味精、香油各适量，陈醋50克

做法

① 将娃娃菜洗净，改刀，入沸水中焯熟。

② 用白糖、味精、香油、陈醋调成味汁。

③ 将味汁倒在娃娃菜上进行腌渍，撒上红椒圈即可。

葱花炒土豆

⏰ **制作时间**
10分钟

材料 土豆750克，芹菜75克

调料 盐8克，黄油100克，葱150克

做法

① 把土豆洗净煮熟，捞出，沥干水分，晾凉削皮，切成小薄片；葱、芹菜洗净后切成碎末。

② 在煎锅中放黄油，上火烧热，下土豆片翻炒，一面炒上色后，翻转再炒。

③ 待土豆上匀色时，撒入葱末和芹菜末一起炒匀，加盐调好口味，即可装盘食用。

素熘花菜

制作时间 **15分钟**

材料 花菜300克，蒜叶各适量

调料 酱油、白糖、盐、醋、香油、水淀粉各适量

做法

① 花菜洗净，切块；蒜叶洗净切段。

② 水烧沸，将花菜放入沸水中汆烫，捞出。

③ 油烧热，放入蒜叶、花菜略炒，加少量水烧沸，调入调味料，用水淀粉勾芡，淋入香油即可。

冰糖湘莲

制作时间 **45分钟**

材料 湘白莲200克

调料 枸杞25克，桂圆肉25克，红枣20克，冰糖300克

做法

① 将莲子加温水和纯碱，用毛刷刷洗干净后去皮去心，上笼蒸至软烂，桂圆肉温水洗净，泡5分钟，滗去水。

② 炖锅置中火，放入清水500毫升，加入莲子、枸杞、桂圆肉、红枣炖30分钟后，转小火，加入冰糖，炖至莲子浮起即可。

炝拌山野菜

⏰ 制作时间
12 分钟

材料 山野菜 300 克，黄椒 20 克

调料 盐 3 克，鸡精 2 克，香油适量，干辣椒 20 克

做法

① 山野菜、干辣椒洗净，切段；黄椒洗净，切丝。

② 山野菜焯水，捞出沥干。

③ 锅下油烧热，下干辣椒爆香，放入山野菜滑炒片刻，放入黄椒，调入盐、鸡精，炒熟装盘，淋上香油拌匀即可。

盐水毛豆

⏰ 制作时间
25 分钟

材料 毛豆 500 克，红尖椒 2 个

调料 盐 150 克，花椒 15 克

做法

① 毛豆洗净，沥水，剪去两端的尖角（使毛豆更好地进味）；红尖椒洗净切丝。

② 将剪好的毛豆放入锅中，放入花椒、红尖椒和盐，加清水至与毛豆持平。

③ 用旺火加盖煮 20 分钟后捞出，待凉即可。

姜汁豇豆

⏰ 制作时间
15 分钟

材料 豇豆 400 克

调料 醋 15 克，盐 5 克，香油 10 克，糖少许，老姜 60 克

做法

① 豇豆洗净，切长段，入沸水中焯熟后捞起，沥干水分。

② 将老姜洗净切细，捣烂，用纱布包好挤汁，把调味料和姜汁调匀，浇在豇豆上即可。

辣味干豆角

⏰ 制作时间
15 分钟

材料 干豆角 500 克

调料 盐 4 克, 味精 3 克, 蒜 5 克, 干椒 20 克

做法

① 将干豆角泡软后, 切成小段; 干椒剪成段; 蒜去皮, 剁成蓉。

② 锅中油烧热, 下入干椒、蒜蓉炒香, 盛出。

③ 再将炒好的干椒段倒入豆角内, 和盐、味精一起拌匀即可。

红椒核桃仁

⏰ 制作时间
10 分钟

材料 核桃仁 300 克, 荷兰豆 150 克, 红椒 30 克

调料 盐、味精各 3 克, 香油 15 克

做法

① 荷兰豆洗净, 切段, 入盐水锅焯水后捞出摆入盘中。

② 红椒洗净, 切菱形片, 焯水后与核桃仁、荷兰豆同拌, 调入盐、味精、香油拌匀即可。